生态化林业建设与园林绿化工程

李欣灿　肖　萍　田新华　◎　著

吉林科学技术出版社

图书在版编目（CIP）数据

生态化林业建设与园林绿化工程 / 李欣灿，肖萍，田新华著. -- 长春 ：吉林科学技术出版社，2023.7
ISBN 978-7-5744-0745-9

Ⅰ. ①生… Ⅱ. ①李… ②肖… ③田… Ⅲ. ①林业－生态化－建设－研究②园林－绿化－建设－研究 Ⅳ. ①S7

中国国家版本馆CIP数据核字(2023)第153197号

生态化林业建设与园林绿化工程

著　　　李欣灿　肖　萍　田新华
出 版 人　宛　霞
责任编辑　李永百
封面设计　金熙腾达
制　　版　金熙腾达
幅面尺寸　185mm×260mm
开　　本　16
字　　数　286千字
印　　张　12.5
印　　数　1-1500册
版　　次　2023年7月第1版
印　　次　2024年2月第1次印刷

出　　版　吉林科学技术出版社
发　　行　吉林科学技术出版社
地　　址　长春市福祉大路5788号
邮　　编　130118
发行部电话/传真　0431-81629529 81629530 81629531
81629532 81629533 81629534
储运部电话　0431-86059116
编辑部电话　0431-81629518
印　　刷　三河市嵩川印刷有限公司

书　　号　ISBN 978-7-5744-0745-9
定　　价　85.00元

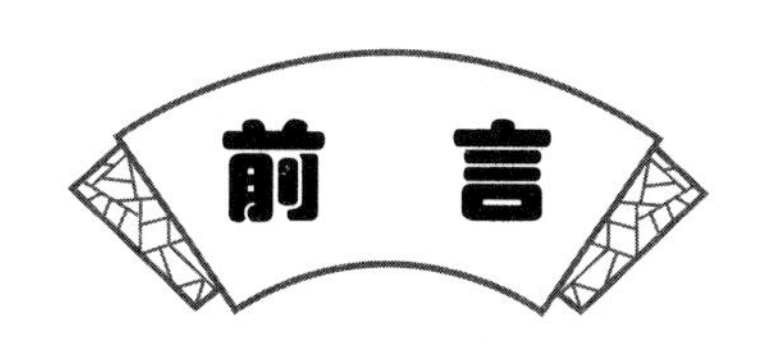

前言

农林资源经济与生态环境建设息息相关。农林业资源的蕴藏量和可利用量是有限的，人类利用资源的能力、利用范围也是有限的，但是由于农林业资源具有可更新、可再生性，加之随着科学技术的进步，人类可以寻找新的资源和扩大资源利用范围，不断提高资源利用率和生产能力，而生态环境问题越来越多。人类为其自身生存和发展，在利用和改造自然的过程中，对自然环境产生了危害人类生存的各种负反馈效应。所以，为了农业资源更好地利用与开发，我们必须走绿色生态农业发展之路，保护好生态环境，与生态环境和谐相处。

生态文明建设是关系中华民族永续发展的根本大计，国土空间的园林绿化是生态文明建设的重要基石，也是尊重自然、顺应自然、保护自然的重要载体。发展好、保护好、维护好园林绿化完整生态体系，是建设宜居环境、确保生态安全、助力实现人民对美好生活向往的必然要求。园林绿化养护管理是一项长期艰巨的任务，需要在时间和空间上不断动态优化组合；是一项综合性任务，需要多部门、多学科进行全方位的协调发展；是一门实践性非常强的学问，需要对植物的生长期、生殖期等生物学特性有充分的认知。随着经济社会的不断发展和人民生活水平的不断提高，生态文明建设的要求越来越高，园林绿化养护管理的高质量发展问题更加凸显。

本书从生态林业的基础介绍入手，针对林业生态文明建设、林业建设发展战略进行了分析研究；对园林绿化组成要素的规划设计、园林绿化工程、园林道路工程做了一定的介绍；还对园林绿化工程生态应用设计提出了一些指导建议。本书旨在摸索出一条适合生态化林业建设的科学道路，帮助林业建设者以及园林工作者少走弯路，运用科学方法，提高效率。本书对生态化林业建设与园林绿化工程有一定的借鉴意义，可以作为从事生态化林业建设与园林绿化工程相关技术人员的参考用书。

本书的写作，亦为抛砖引玉，井底之见、错误之处在所难免。殷切期望有识之士提出宝贵建议，作者将在此基础上加以修正、完善和提升。

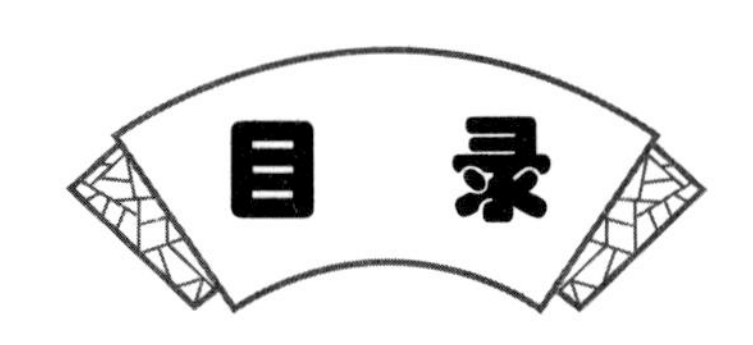

第一章 生态林业概述

第一节　生态林业的概念及重要性

一、概念

生态林业是指遵循生态经济学和生态规律发展林业，是充分利用当地自然资源促进林业发展，并为人类生存和发展创造最佳状态环境的林业生产体系。它是多目标、多功能、多成分、多层次的，也是组合合理、结构有序、开放循环、内外交流、能协调发展、具有动态平衡功能的巨大林业生态经济系统。发展方针要因地制宜，山区采取以林为主的综合发展，并立足本地产品和资源，形成多层次、多品种、粗精结合的加工工业体系；林区则采取以封为主、封造结合的方针，实行轮封、轮造、轮放办法，使眼前与长远利益结合。建成立体林业的目的是：提高森林综合生产能力；提高森林对调节生态环境的整体功能；充分发挥森林效应和互补作用；保护资源永续利用的动态平衡；提高系统各资源单位面积产量，缩短生产周期；形成商品生产能力，提高经济效益；发展加工工业，实现多次增值；协调同有关各业的互利关系，维护生态功能与经济效益的同步性。生态林业走的是一条人与自然和谐相处、遵循自然规律、保护生态环境的可持续发展林业之路。

二、森林是空气的净化器

随着工矿企业的迅猛发展和人类生活用矿物燃料的剧增，受污染的空气中混杂着一定含量的有害气体，威胁着人类，其中二氧化硫就是分布广、危害大的有害气体。凡生物都有吸收二氧化硫的功能，但吸收速度和能力是不同的。植物叶面积巨大，吸收的二氧化硫要比其他物种多得多。据测定，森林中空气的二氧化硫要比空旷地少15%~50%。若是在高温高湿的夏季，随着林木旺盛的生理活动功能，森林吸收二氧化硫的速度还会加快。相对湿度在85%以上时，森林吸收二氧化硫的速度是相对湿度15%时的5~10倍。

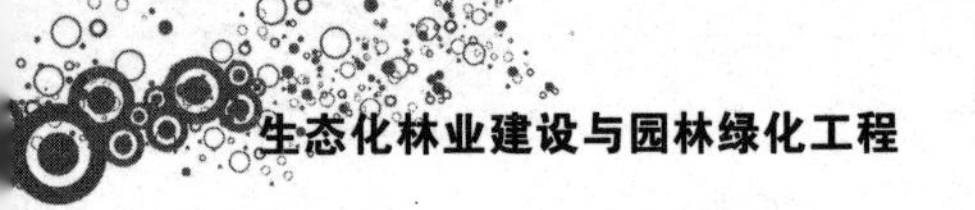

三、森林有自然防疫作用

树木能分泌出杀伤力很强的杀菌素，杀死空气中的病菌和微生物，对人类有一定保健作用。有人曾对不同环境中每立方米空气的含菌量做过测定：在人群流动的公园为 1 000 个，街道闹市区为 3 万~4 万个，而在林区仅有 55 个。另外，树木分泌出的杀菌素数量也是相当可观的。例如，1 公顷桧柏林每天能分泌出 30 公斤杀菌素，可杀死白喉、结核、痢疾等病菌。

四、森林是天然制氧厂

氧气是人类维持生命的基本条件，人体每时每刻都要呼吸氧气，排出二氧化碳。一个健康的人三两天不吃不喝不会致命，而短暂的几分钟缺氧就会死亡，这是人所共知的常识。文献记载，一个人要生存，每天需要吸进 0. 8 公斤氧气，排出 0. 9 公斤二氧化碳。森林在生长过程中要吸收大量二氧化碳，放出氧气。据研究测定，树木每吸收 44 克的二氧化碳，就能排放出 32 克氧气；树木的叶子通过光合作用产生 1 克葡萄糖，就能消耗 2 500 立方米空气中所含有的二氧化碳。理论上，森林每生长 1 立方米木材，可吸收大气中的二氧化碳约 850 公斤。若是树木生长旺季，1 公顷的阔叶林每天能吸收 1 吨二氧化碳，制造生产出 750 公斤氧气。资料介绍，10 平方米的森林或 25 平方米的草地就能把一个人呼吸出的二氧化碳全部吸收，供给所需氧气。诚然，林木在夜间也有吸收氧气排出二氧化碳的特性，但因白天吸进二氧化碳量很大，差不多是夜晚的 20 倍，相比之下夜间的副作用就很小了。就全球来说，森林绿地每年为人类处理近千亿吨二氧化碳，为空气提供 60%的净洁氧气，同时吸收大气中的悬浮颗粒物，有极大的提高空气质量能力，并能减少温室气体，减少热效应。

五、森林是天然的消声器

噪声对人类的危害随着交通运输业等的发展越来越严重，城镇尤为突出。据研究，噪声在 50 分贝以下，对人没有什么影响；当噪声达到 70 分贝，对人就会有明显危害；如果噪声超出 90 分贝，人就无法持久工作了。森林作为天然的消声器有着很好的防噪声效果。实验测得，公园或片林可降低噪声 5~40 分贝，比离声源同距离的空旷地自然衰减效果多 5~25 分贝；汽车高音喇叭在穿过 40 米宽的草坪、灌木、乔木组成的多层次林带，噪声可以消减 10~20 分贝，比空旷地的自然衰减效果多 4~8 分贝。城市街道上种树，也可消减噪声 7~10 分贝。要使消声有好的效果，在城市，最少要有宽 6 米（林冠）、高 10. 5 米的林带，林带不应离声源太远，一般以6~15米间为宜。

六、森林对气候有调节作用

森林浓密的树冠在夏季能吸收和散射、反射掉一部分太阳辐射能，减少地面增温。冬季森林叶子虽大都凋零，但密集的枝干仍能降低吹过地面的风速，使空气流量减少，起到保温保湿作用。据测定，夏季森林里气温比城市空阔地低2~4℃，相对湿度则高15%~25%，比柏油混凝土的水泥路面气温要低10~20℃。由于林木根系深入地下，源源不断地吸取深层土壤里的水分供树木蒸腾，使林区正常形成雾汽，增加了降水。通过分析对比，林区比无林区年降水量多10%~30%。

七、森林改变低空气流，有防止风沙和减轻洪灾、涵养水源、保持水土的作用

由于森林树干、枝叶的阻挡和摩擦消耗，进入林区风速会明显减弱。据资料介绍，夏季浓密树冠可减弱风速，最多可减少50%。风在入林前200米以外，风速变化不大；过林之后，要经过500~1 000米才能恢复过林前的速度。人类便利用森林的这一功能造林治沙。

森林地表枯枝落叶腐烂层不断增多，形成较厚的腐质层，就像一块巨大的吸收雨水的海绵，具有很强的吸水、延缓径流、削弱洪峰的功能。另外，树冠对雨水有截流作用，能减少雨水对地面的冲击力，保持水土。据计算，林冠能阻截10%~20%的降水，其中大部分蒸发到大气中，余下的降落到地面或沿树干渗透到土壤中成为地下水，所以一片森林就是一座水库。森林植被的根系能紧紧固定土壤，能使土地免受雨水冲刷，制止水土流失，防止土地荒漠化。

八、森林有除尘和过滤污水作用

工业排放的烟灰、粉尘、废气严重污染着空气，威胁人类健康。高大树木叶片上的褶皱、茸毛及从气孔中分泌出的黏性油脂、汁浆能黏附大量微尘，有明显的阻挡、过滤和吸附作用。据资料记载，每平方米的云杉，每天可吸滞粉尘8.14克，松林为9.86克，榆树林为3.39克。一般说，林区大气中飘尘浓度比非森林地区低10%~25%。另外，森林对污水净化能力也极强，据国外研究介绍，污水穿过40米左右的林地，水中细菌含量大致可减少一半，而后随着流经林地距离的增大，污水中的细菌数量最多时可减少90%以上。

九、森林是多种动物的栖息地，也是多类植物的生长地，是地球生物繁衍最为活跃的区域

森林保护着生物多样性资源。而且无论是在都市周边还是在远郊，森林都是价值极高的自然景观资源。

由于人们对森林的木材资源的大量消耗，地球上的森林面积在逐年变小，这引起了多方面的环境问题，例如干旱少雨、气候变暖、动植物资源减少、水土流失、沙尘暴和空气污染加重等。因此，森林对环境和生态的价值远远高出了它提供木材的价值。

总之，植树造林，扩大森林面积，增加森林资源，是关系到经济效益、社会效益、环境效益乃至人类能否生存的大事。

第二节　生态林业建设的主要术语

一、森林生态

（一）森林资源

森林资源包括森林、林木、林地以及依托森林、林木、林地生存的野生动物、植物和微生物。

（二）林地

包括有林地、疏林地、灌木林地、未成林造林地、苗圃地、无立木林地、宜林荒山荒地和辅助生产林地。

1. 有林地

包括乔木林地和竹林地。

（1）乔木林地

乔木是指具有明显直立的主干的树种，通常高在 3 米以上，又可按高度不同分为大乔木、中乔木和小乔木。由郁闭度 0.2 以上（含 0.2）的乔木树种（含乔木经济树种）组成的片林或林带，连续面积大于 1 亩的林地称为乔木林地。

（2）竹林地

由胸径 2 厘米（含 2 厘米）以上的竹类植物构成，郁闭度 0.2 以上的林地。

2. 疏林地

由乔木树种组成，郁闭度0.10~0.19的林地及人工造林3年、飞播造林5年后，保存株数达到合理株数的41%~79%的林地；或低于有林地划分的株数标准，但达到该标准株数40%以上的天然起源的林地。

3. 灌木林地

灌木是指不具主干，由地面分出多数枝条，或虽具主干而其高度不超过3米的树种。由灌木树种（含经济灌木树种）或因生境恶劣矮化成灌木型的乔木树种以及胸径小于2厘米的小杂竹丛组成的称灌木林地。灌木林地又分国家特别规定的灌木林地和其他灌木林地；国家特规灌木林地是指乔木生长线以上的灌木林地、林种为经济林的灌木林地和岩石裸露40%以上、石漠化或红色荒漠化严重、专为防护营造的灌木林地；其他灌木林地是指国家特别规定以外的灌木林地。

4. 未成林造林地

包括人工造林（3年内）未成林地和封育（5年内）未成林地。

5. 苗圃地

固定的林木花卉育苗用地。

6. 无立木林地

包括采伐迹地、火烧迹地和其他无立木林地。

7. 宜林地

经县级以上人民政府规划为林地的土地。包括宜林荒山荒地、宜林沙荒地和其他宜林地。

8. 辅助生产林地

直接为林业生产服务的工程设施与配套设施用地。

（三）林木

生长在林内达到林冠层的乔木树种。林木的树干是比孤立木通直、高大，能产生较好圆满度的原木，它是构成森林产量的主体，是经营和利用森林的主要对象。

（四）森林分类

森林分为以下5类：

1. 防护林

以防护为主要目的的森林、林木和灌木丛，包括水源涵养林，水土保持林，防风固沙林，农田、牧场防护林，护岸林，护路林。

2. 用材林

以生产木材为主要目的的森林和林木，包括以生产竹材为主要目的的竹林。

3. 经济林

以生产果品、食用油料、饮料、调料、工业原料和药材等为主要目的的林木。

4. 薪炭林

以生产燃料为主要目的的林木。

5. 特种用途林

以国防、环境保护、科学实验等为主要目的的森林和林木，包括国防林、实验林、母树林、环境保护林、风景林，及名胜古迹和革命纪念地的林木，自然保护区的森林。

（五）森林起源

森林起源亦称林分起源或林分成因，指森林形成的方式，也就是森林的繁殖方式。具体分为两种情况：①林分最初形成时的起源。因起源于天然繁殖或人工种植，有天然林与人工林之分。②林木的形成，由于繁殖方法的不同，可将森林起源分为实生林和无性繁殖林两类。

（六）人工林

由人工播种、栽植或扦插而形成的森林。

（七）天然林

由天然下种或萌芽而形成的森林。

（八）次生林

是指原始森林或人工林经过人为的或自然的因素破坏之后，未经人为的合理经营，而借助自然的力量恢复起来的一类森林。

（九）植被

各种各样的植物成群生长，种类聚集，群落交织，就像绿色的绣花被一样把大地紧紧包裹起来，这一层生气蓬勃、千变万化的植物覆盖层，就叫植被。

（十）植物群落

植被并不是杂乱无章的拼凑，而是在一定地段的自然环境条件下，由一定的植物种类结合在一起，成为一个有规律的组合。每一个这样的组合单位，就叫一个植物群落。

（十一）生物多样性

指多种不同的动植物群落类型、数量及它们之间的关系。森林是陆地上生物最多样、最丰富的生态系统，是动植物和微生物的自然综合体，所以保护森林就是直接和间接保护生物多样性。

（十二）生态环境

指影响人类生存与发展的水资源、土地资源、生物资源以及气候资源数量与质量状况的总称。生态环境亦可简称环境。

（十三）生态环境建设

指运用生态系统原理，根据不同层次、不同水平、不同规模的生态建设任务，模拟设计最优化的人工生态系统，按模型进行生产，以取得预期的最佳生态效益和经济效益。

（十四）林业生态环境建设

指从国土整治的全局和国家可持续发展的需要出发，以维持和再造良性生态环境以及维护生物多样性和具代表性的自然景观为目的，在一个地域或跨越一个地区范围内，建设有重大意义的防护林体系、自然保护区和野生动植物保护等项目，并管护好现有的森林资源。

（十五）林分

内部特征大体一致，而与邻近地段又有明显区别的一片林子。一个林区的森林，可以根据树种组成、森林起源、林相、林龄、疏密度、地位级及其他因子的不同，划分成不同的林分。

（十六）立木

包含两层意思：①形成森林主要部分的树木的总和；②林地上未伐倒活着的树木。

（十七）树种组成

森林中的林木是由哪些树种所组成的。

（十八）优势树种

在一个林分内，数量最多的（一般指蓄积量所占的比例最大）的树种。

（十九）先锋树种

能在荒山瘠薄地等立地条件差的地方最先自然生长成林的树种。如马尾松、油松、枫香、沙棘等。

（二十）纯林

由同一树种组成的林分叫作纯林。

（二十一）混交林

由两个或两个以上树种组成的林分叫作混交林。

（二十二）林相

有两种含义：①森林的外形，指林冠的层次，有单层林和复层林之分。②森林的林木品质和健康状况。林木价值高，生长旺盛称为林相优良，反之称为不良。

（二十三）郁闭度

森林中乔木树冠彼此相接而遮蔽地面的程度。用十分法表示，以完全覆盖地面的程度为 1，分为十个等级，依次为 1.0、0.9、0.8、……0.1。

（二十四）林龄

林分与林木的年龄结构，可分为同龄林和异龄林。林分内所有林木年龄完全相同，这种林分称为同龄林。如林分内林木之间的年龄相差不超过一个龄级的称为相对同龄林。林木年龄相差一个龄级以上的森林，叫作异龄林。

（二十五）龄级

简化森林年龄统计而划定的林分年龄级。一般慢生树种以 20 年为一个龄级，比较速生的树种和中生树种以10年为一个龄级，速生树种5年为一个龄级。

（二十六）龄组

对林木生长发育时期的年龄分组。有幼龄林、中龄林、近熟林、成熟林、过熟林之分。

（二十七）幼龄林

林分完全郁闭前的时期。

（二十八）中龄林

林冠郁闭后至林分成熟前的时期。

（二十九）成熟林

林木在生物学及工艺方面都已进入成熟，直径生长已非常缓慢或基本停止。

（三十）过熟林

自然稀疏已基本结束，林木生长停止，开始心腐，病虫害侵染，部分立木由于生理衰退而枯立腐朽，林分经济价值和有益效能开始不断下降。

（三十一）蓄积量

指一定面积森林（包括幼龄林、中龄林、近熟林、成熟林、过熟林和枯立木林分）中，生长着的林木总材积（用立方米表示），主要是指树干的材积。

（三十二）出材量

指实际采伐林分中生产的原条、原木、小规格材和薪材的数量。不包括枝丫、树皮、伐根等。出材率是指出材量与采伐蓄积量的比率。它是反映森林资源利用的重要指标，出材率高，表明林木资源利用好；反之，说明利用差。

（三十三）总生长量

树木自生长开始至调查时整个时间内的生长总量。

二、造林绿化

（一）人工造林

用人工进行植苗、播种等方法营造森林的工作。

（二）四旁绿化

指在宅旁、村旁、路旁、水旁植树。

（三）立地条件

指造林地作用于森林植物的地形地势和气候、土壤等环境因子的综合。

（四）适地适树

就是要使造林树种的生物学特性和造林地条件相适应，以充分发挥其生产潜力，使一定的营林地段在当前技术经济条件下达到较好的生产水平。

（五）全面整地

全面翻耕整理造林地，彻底清除杂草、灌木。

（六）撩壕整地

又叫抽槽或沟带整地。是沿等高线从下而上开挖沟槽，把心土堆在下坡，筑成土埂的一种整地方式。

（七）带状整地

在所整地带之间保留一定宽度的生草带，有利于防止水土流失的整地方式。

（八）块状整地

在种植点小块开垦，块与块的距离依造林的株行距而定。

（九）植苗造林

栽植苗木使它生长成林的造林方法，是目前林业生产上最常用的造林方法。

（十）初植密度

也叫栽植密度，是指人工造林和迹地更新时单位面积上最初栽植的株数。

（十一）直播造林

将种子直接播于造林地上，使其发芽生长成林的一种造林方法。

（十二）封山育林（封育）

指对具有天然下种或萌蘖能力的疏林、无立木林地、宜林地、灌丛实施封禁，保护植物的自然繁殖生长，并辅以人工促进手段，促使恢复形成森林或灌草植被；以及对低质、低效有林地或灌木林地进行封禁，并辅以人工促进经营改造措施，以提高森林质量的一项技术措施。

（十三）丘陵

没有明显的脉络，起伏较小，相对高度一般不超过 200 米。

（十四）山地

地势相对高起，表面起伏很大的地区。

（十五）低山

海拔绝对高度 500~1 000 米、相对高度 200~500 米的山地。

（十六）中山

海拔绝对高度 1 000~2 000 米、相对高度 500~1 000 米的山地。

（十七）高山

海拔绝对高度 2 000 米以上、相对高度 1 000 米以上的山地。

（十八）黄壤

在热带和亚热带湿润气候、常绿阔叶林作用下发育而成的土壤。土壤中富含铁的氧化物，故呈黄色或鲜黄色。土质黏重，酸性大，含有效磷少。

（十九）红壤

在暖湿气候和常绿阔叶林作用下发育而成的土壤。土中铁铝丰富呈红色，土层中常有红、棕、黄、白交织的网纹。一般酸性强，有效磷少，剖面深厚。

（二十）紫色土

在紫色砂页岩上发育起来的土壤。这种土壤很容易风化，含矿质养分较多，土层疏松，但易遭水土流失，土层浅薄。

（二十一）石灰性土壤

含有碳酸钙或碳酸氢钙等石灰性物质的土壤。呈中性到碱性反应，含矿物质养分丰富，但对磷酸的固定作用较强。主要分布在半干旱和干旱地区。石灰性强的土壤在剖面中下部常形成石灰结核、石灰磐层等石灰集聚层。

（二十二）石漠化

指在热带、亚热带湿润半湿润气候条件和岩溶极其发育的自然背景下，受人为活动干扰，使地表植被受破坏，造成土壤严重侵蚀，基岩大面积裸露，石砾堆积的土地退化现象。它是岩溶地区土地退化的极端形式。

（二十三）造林质量管理“八率”

指造林面积核实率、造林质量合格率、良种使用率、作业设计率、幼林抚育率、林木管护率、检查验收率、资料建档率。目前要求造林质量管理“八率”均为100%。

面积核实率=（∑调查小班的核实面积/∑调查小班的上报面积）×100%

造林质量合格率=（∑调查合格小班面积/∑调查小班上报面积）×100%

良种使用率=（∑调查造林使用良种的小班面积/∑调查造林小班面积）×100%

作业设计率=（∑调查有作业设计的小班面积/∑调查小班面积）×100%

幼林抚育率=（∑调查抚育合格小班面积/∑调查小班面积）×100%

林木管护率=（∑调查有管护措施的小班面积/∑调查小班面积）×100%

检查验收率=（∑调查检查验收的小班面积/∑调查小班面积）×100%

资料建档率=（∑调查建档的小班面积/∑调查小班面积）×100%

（二十四）母树和母树林

供采种的树叫作母树。很多母树生长在一起就叫作母树林。

（二十五）优良母树

指具有优良遗传品质的林木个体。

（二十六）优质种源

生长旺盛，干直、枝小和冠形紧凑、无病虫害的优势木，其比例占75%以上的母树林称为优质种源。

（二十七）林木种子园

是用有性法或无性法繁殖人工精选的个体或综合育种法培育的新品种的植株而建立起来的林木良种繁育场。

（二十八）采穗圃

对于容易扦插繁殖的树种，用被选优树的种条（插穗）建立的采穗圃，供往后常年采穗造林之用，它相当于种子园，只不过种条代替了种子。

三、保护管理

（一）主伐

在成熟林中以取得木材收获为主要目的的采伐。

（二）抚育采伐

根据森林生长和发育的规律，在不同龄期，伐除部分林木，为保留的林木创造良好的生长环境，更好地发挥其有益的效能。

（三）更新采伐

在森林的有益效能开始减退时所进行的一种采伐。这种采伐以不降低森林有益效能为前提，以保护防护效能和特种作用持续稳定的发挥。

（四）皆伐

整个林分一次伐除，通过人工植树或天然下种（自邻近林分或伐倒的树木）达到更新目的。

（五）择伐

把林分中部分适合和应该采伐的林木进行采伐的方式，主要用于复层异龄林。

（六）渐伐

把成熟林分的林木在一个龄级期内分两次或数次伐除。

（七）疏伐

在林木向高生长最旺盛的时期所进行的抚育方式。伐去过密的树木中品质较差的植株而保留较好的植株，以使林木形成良好的干形，并促进生长。

（八）生长伐

在林木生长最旺盛时期一直到主伐前一个龄级的阶段内所进行的抚育方式。目的是使林木得到更多营养空间以促进林木生长，提高木材产量和质量。

（九）卫生伐

为除去森林中不健康的植株而进行的抚育方式。

（十）森林资源连续清查（简称一类清查）

即国家森林资源调查。在国家林业和草原局组织下实施，复查间距期为 5 年。其目的是通过查清全国或省、自治区的森林资源数量、质量及其消长变化情况，为制定全国林业方针、政策，制订全国和各省区及大林区的各种林业计划、规划和预测资源发展趋势提供科学依据。这类调查以省、市、区或大林区为单位进行。

（十一）二类森林资源清查

亦称森林经理调查。此类调查是根据国家林业和草原局的统一部署，由省林业主管部门或者其委托的地州市林业主管部门负责组织，在林业生产单位内进行。复查间距为 10

年。其目的是为林业基层单位掌握森林资源现状及动态，分析检查经营活动效果，编制或修订森林经营方案及有关规划提供依据。这类调查的森林资源数量和质量要落实到小班，其准确度优于一类调查。

（十二）三类调查

即作业设计调查，是林业基层生产单位为满足伐区设计、造林设计和抚育采伐设计而进行的调查。

对一定范围内的森林，应用数理统计学原理抽出部分样地进行调查，根据样地调查结果推算该范围内全部森林的数量和质量的方法。

（十三）森林区划

为了便于森林调查和开展营林活动，按一定经营规模将林区划分成不同森林经营管理单位的工作。

（十四）林班

一种永久性的林地区划，为便于经营管理，把林地划分为许多林班。因经营集约度的高低不同，林班的平均面积不一，由几十公顷到几百公顷不等。其界线或由人工伐开，或利用山脊、河流、道路等自然地形线而形成。用号码或地名命名。

（十五）小班

是指在森林调查规划设计时将森林按不同的权属、土地类别、起源、森林类别、林种、优势树种组、龄组、郁闭度等级、立地类型、经济林产期（经营集约度等级）和林业工程类别等划成不同的小区，每个小区称为小班。小班是森林区划的最小单位。

（十六）小班调查

在小班范围内进行的测树因子、土壤植被、地形地势等调查项目。

（十七）标准地

用代表选样或随机、机械选样选取一定面积的林地作为调查样本，称为标准地。

（十八）林业有害生物

是指危害森林、林木和林木种苗正常生长并造成经济损失的病、虫、杂草等有害生物

（由于“森林病虫害”不能包括可对林业造成危害的杂草、软体动物、脊椎动物和其他植物，近年来改称为“林业有害生物”）。

（十九）林业外来有害生物

是指原产于国（境）外，传入我国后已经危害森林、林木和林木种苗正常生长并造成经济损失的病、虫、杂草等有害生物。

（二十）林业检疫性有害生物

是指在我国境内局部地区发生，危险性大，能随森林植物及其产品传播，经国务院林业主管部门发布禁止传播的有害生物。

（二十一）补充林业检疫性有害生物

是指在本省（自治区、直辖市）局部地区或国内其他地区局部发生，危险性大，能随森林植物及其产品传播，经省级林业主管部门发布禁止在本辖区内传播的有害生物。

（二十二）应施检疫的森林植物及其产品

是指依法必须经过检疫才允许调运的森林植物及其产品，也包括根据疫情应实施检疫检验和除害处理的包装材料、运输工具、土壤等。

（二十三）产地检疫

是指国内调运、邮寄或出口的应施检疫的森林植物及其产品，在原产地进行的检疫调查、除害处理并得出检疫结果过程中，所采取的一系列旨在防止林业检疫性有害生物传出的措施。

（二十四）调运检疫

是指森林植物及其产品在调出原产地之前、运输途中及到达新的种植或使用地点之后，根据国家或地方政府颁布的森检法规，由法定的专门机构，对应施检疫的森林植物及其产品所采取的一系列的检疫检验和除害处理措施。根据森林植物及其产品调运的方向，可将调运检疫分为调出检疫和调入检疫两部分。

（二十五）危险性林业有害生物

是指那些为害严重、防治困难、能够给林业生产造成重大经济损失的有害生物。全国危险性林业有害生物名单由国家林业和草原局发布。本省危险性林业有害生物名单由省林业厅发布。

（二十六）疫区

是指根据林业检疫性有害生物的发生情况，依照森林植物检疫（简称“森检”）法规，按照法定程序划定，并且采取相应检疫措施的地区。疫区的划定，由省林业厅提出，报省人民政府批准，并报国家林业和草原局备案。

（二十七）野生保护动物

是指珍贵、濒危的陆生、水生野生动物和有益的或者有重要经济、科学研究价值的陆生野生动物。我国受保护的野生动物有 4 大类：

①国家重点保护野生动物。分为两级，即国家一级保护野生动物和国家二级保护野生动物。②地方重点保护野生动物（即省重点保护野生动物，以前称三级保护野生动物）。③有益的或者有重要经济、科学研究价值的陆生野生动物。④我国参加的有关国际公约和国际协定中规定保护的野生动物。

（二十八）野生保护植物

是指原生地天然生长的珍贵植物和原生地天然生长并具有重要经济、科学研究、文化价值的濒危、稀有植物。野生保护植物分为国家重点保护野生植物（又分为国家一级、二级保护野生植物）和地方重点保护野生植物（即省重点保护野生植物，以前称三级保护野生植物）。

（二十九）自然保护区

是指对有代表性的自然生态系统、珍稀濒危野生动植物物种的天然集中分布区、有特殊意义的自然遗迹等保护对象所在的陆地、陆地水体或者海域，依法划出一定面积予以特殊保护和管理的区域。自然保护区分为国家级自然保护区和地方级自然保护区（含省、县级自然保护区）。新建国家级自然保护区面积要求在 15 万亩以上、省级自然保护区在 10 万亩以上、县级自然保护区在 3 万亩以上。

（三十）自然保护小区

是指对有典型性的森林生态系统、自然生态环境、珍稀动物繁殖栖息地、珍稀植物生长繁衍地规划面积在 2 000 公顷以内，予以特殊保护和管理的区域。

第三节　生态林业生产的主要技术

一、林业育苗标准化技术

（一）范围

本技术规定了在苗木培育中，对圃地的选择、规划、整地、育苗地准备和播种、扦插、嫁接、移植等育苗方法以及苗期管理、苗圃灾害防治、苗木调查、苗木出圃、苗圃自身管理等内容。本技术适用于露地常规育苗。

（二）苗圃建立

1. 苗圃选址

圃地应选择地势平坦、排水良好，有方便的交通、水源和电力供应条件的地段，附近无空气和水源污染，土层厚度一般不少于 50 厘米，地下水位不超过 1.5 米，pH 值 5.5~7.5，土质肥沃、病虫害少的沙壤土、壤土和轻壤土。有检疫性病虫害的、环境污染严重、积水洼地、重盐碱地和日温差变化较大的风口、林中空地等地方，均不宜选作苗圃。

2. 苗圃规划

（1）规划设计

苗圃确定选址后，首先测绘出平面图，然后根据育苗任务，各类苗木的育苗特点，树种特性和圃地的自然条件，做出生产用地和辅助用地的合理规划。一般大型苗圃的辅助用地不应超过苗圃总面积 25%；中小型苗圃的辅助用地不应超过苗圃总面积的 30%。在此基础上，划定各个生产作业区。

（2）生产用地

包括优良品种基因收集圃、优良品种采穗圃、播种育苗区、无性繁殖区、温室栽培区、移植苗区及大苗培育区等区域。

（3）辅助用地

包括道路网、灌溉系统、排水系统、种子和苗木分级室、贮藏室、仓库、办公区等附属设施。

3. 作业设计

（1）育苗前要做好作业设计

其内容包括：各树种的作业方式，育苗方法，育苗面积，苗木产量、质量，圃地安排，育苗技术措施，种（条）子、药、物、肥料消耗定额，劳动定额，苗木成本等。

（2）作业设计

由苗圃业务负责人组织技术、财务人员共同编制。在作业过程中遇有特殊情况或发现问题，要及时组织审议修改。

4. 育苗地准备

（1）育苗地安排

在播种区、无性繁殖区、移植育苗区等作业区内，应根据所育苗木的生物学特性，选择适宜的地块，做出安排。已育过苗的圃地，不同树种苗木应轮作，即针叶树种和阔叶树种、深根树种和浅根树种、豆科树种和非豆科树种等轮作。对于一些能形成菌根的树种，如松类树种，可考虑连作。

（2）土壤改良与基肥

一是土壤改良：土壤瘠薄或偏酸偏碱的圃地，应进行土壤改良。圃地瘠薄的土壤要增施有机肥料，偏沙的土壤除增施有机肥外，还要混拌黏壤土；偏酸的土壤要增施生石灰、碱性肥料（如钙镁磷肥等）；偏碱的土壤要增施酸性肥料、硫黄、硫酸亚铁、醋酸，或在床面铺黄心土；盐渍化偏重的土壤要开沟洗盐，加大有机肥施用比例，禁止使用容易造成土壤盐渍化的人粪尿、城市生活垃圾等肥源。

二是施好基肥：整地前施足基肥，以农家有机肥、饼肥及复合肥等为主。需肥量大的树种，一般以每 667 平方米（1 亩）施腐熟厩肥 1 500 公斤或腐熟饼肥 150 公斤或复合肥 80 公斤。其他树种至少施腐熟厩肥 1 000 公斤，或腐熟饼肥 100 公斤，或复合肥 50 公斤。缺磷的土壤每亩增施磷肥 50 公斤，酸性土壤应施钙镁磷肥等弱碱性磷肥，中性、碱性土壤施过磷酸钙等酸性磷肥。施用基肥要均匀撒施，然后耕翻埋入耕作层。播种的种子及扦插苗都要避免直接与基肥接触，同时施用基肥时要注意堆肥、饼肥等有机肥要充分发酵、腐熟后才能施用。

三是精细整地：育苗前必须整地，包括翻耕、耙地、平整、镇压。要求做到深耕细整，地平土碎，清除石块、草根。

不同苗圃类型整地有不同要求，圃地起苗后，要及时耕作，秋（冬）季翻耕应达到 25~30 厘米。春季翻耕深度以 20 厘米为宜，随耕随耙。农田改为苗圃地，作物收获后即浅耕灭茬，待杂草萌发后再深耕越冬，翌年早春耙地作床。盐渍地作为苗圃要挖排水沟，灌水洗盐，春季翻耕作床时，要求“浅翻即止、不乱土层”。

土壤消毒目的是消灭土壤中的病原菌和土壤害虫。常用消毒方式为高温处理和药剂处理。

高温处理时采用烧土法，一般在整地前或整地后作床前进行。在苗圃地堆放柴草焚烧，使土壤高温灭菌，燃烧后的草木灰还能增加土壤肥力。

药剂处理一般要求在作床后播种或扦插前 15 天进行。采用药剂喷雾或拌土法进行消毒处理，处理后立即用地膜覆盖，以达到充分杀灭病虫害的效果。常用的药剂有硫酸亚铁、多菌灵、福尔马林、托布津。

5. 苗圃作床

（1）规格

对于播种育苗、扦插育苗及嫁接育苗，苗床宽为 1~1.2 米、高 15~25 厘米，要求苗床中间略高，以利于排水，长度根据地形并结合机械化程度的高低确定，人工作业以 10~20 米长为宜，机械作业可更长些。对于大苗移植区可单行垄作，垄宽 40~70 厘米、高 30~40 厘米的床，垄间步道宽度一般为 20~30 厘米。

（2）要求

苗床长边一般以东西向为宜，但在坡地应使床的长边与等高线平行。苗床一定要达到土粒细碎，表面平整，上实下松。

6. 播种育苗

（1）种子准备

用于播种育苗的种子应当种源清楚，质量优良，有良种的应当选用良种。有条件的，应当在播种前进行发芽试验，并对大、中粒种子按照颗粒大小进行分级筛选，分别播种。

（2）种子处理

对针叶树种和一些易感病的阔叶树种子，催芽前进行种子消毒，常用药剂有高锰酸钾、多菌灵、福尔马林等。

（3）播种期的确定

大多数种子以 2 月—3 月播种为宜，有的种子应适时早播；夏季成熟且易丧失发芽力的种子，如红楠、华东楠、刨花楠、七叶树等种子，应随采随播；对休眠期长和不耐贮藏的大、中粒种子，可进行秋播。

（4）播种量确定

播种量的计算公式是：

播种量（kg/亩）= 种子数量（粒/亩）×单粒重量（g/粒）÷1 000

其中，种子数量是指在1亩面积内播种的种子数量，单位是粒/亩。单粒重量是指每个种子的重量，单位是g/粒。“÷1 000”是将单位转换为kg。

（5）播种方法

一是撒播：撒播是将种子均匀地撒布于播种地上的播种方法。小粒种子一般采用撒播，播前将床面先行镇压，落子均匀（按床计量下种）。选用黄心土或火烧土进行覆盖。

二是条播：一般中粒种和阔叶树种均实行条播，行距视树种而定，播种做到沟底平、条距齐、深浅一致、播种均匀。覆土可就地用土或腐殖土进行覆盖。

三是点播：一般大粒种子均实行点播。其他要求同于中粒种子。

免耕法（杉木的板播育苗）：秋收冬种后选好圃地（板青田），按苗床宽1.2米、沟宽15~18厘米、沟深25厘米，构筑畦。

芽苗移栽：一些珍贵稀有种子，可应用芽苗移栽方法，种子先播于薄膜封闭的湿沙床中，当种子萌动，子叶伸展，种壳开始脱落时，将芽苗（幼苗）分批移栽至床中，浇定根水，保持苗床湿润，扎根成活后转入正常管理。

（6）播种地管理

一是盖草揭草：小粒种子覆土薄，须以干净的稻草、麦秆、地膜等加以覆盖，厚度以不露床面为度。要经常检查，防止风揭。当幼苗五成以上出土时，选阴天或傍晚及时揭草。

二是水分管理：如床面干燥，要及时浇水保温，雨天圃地积水要及时排除。

三是松土除草：秋冬和早春播种，圃地易滋生杂草，要及时拔除和行间松土。发现种子暴露立即覆土。

（7）扦插育苗

①采穗（根）圃地建立与经营。

材料的选择：要选用优树或优良无性系作材料，建立采穗（根）圃、生产供无性繁殖用的种穗（根）条。采穗（根）圃的品种、系号要鉴定，并绘制品系排列图，以免品系混杂。

作业方式：一般采用灌丛式，株行距50厘米×50厘米或100厘米×100厘米，4~6年更新一次。采穗圃的面积一般按育苗造林的1/10设置。一时建立采穗圃有困难的，可集中一批符合上述条件的种条，在苗圃培育，实行“以苗繁苗”。

②插根和插穗的截制。

插根截制应上端平剪，下端斜剪，以便区分上下头。泡桐插根在贮藏前应晾干水汽。截制插穗应做到切面平滑，不伤芽，不破皮，不开裂。

③种条、种根的处理。

扦插前应采用生长激素等药剂对插穗进行消毒、催根处理，以提高成活率。药剂处理所用的容器和水须消毒，浸泡的深度在2~3厘米。

④扦插方法和要求。

一般树种扦插时直插、斜插均可，但不得倒插。不伤插条（根），务使土壤与插条（根）密接。硬枝扦插完后，应立即灌一次透水，并可在行间撒铺覆盖物（落叶、麦壳、木屑等）。池杉、落羽杉全光嫩枝扦插应采取“干整地、水扦插”。

生根较难树种可先在砂床或蛭石床中扦插，待生根后移入圃地。也可采取封闭扦插育苗，方法是：扦插后，浇透水一次，将塑料薄膜作成拱形密封覆盖。搭棚遮阴。有条件可采用电子间歇全光喷雾器进行扦插。

⑤扦插苗发根前的管理。

落叶树硬枝扦插：应掌握干湿适中，发叶前保持表土不发白，发叶后要注意清沟排水。干风、高温天气要及时供水，可采用洒水或侧方沟灌的办法。表土板结，要适时松土或覆草，应避免松动和损伤。插穗落叶树嫩枝扦插要保持鲜活状态，可任选喷雾、洒水、沟灌、养水等方法供水。

常绿树扦插：应在四周设防风障、搭遮阴棚，并根据气温和湿度状况及时供水，保持土壤干湿适中。搞封闭扦插的塑料棚内气温一般应控制在30℃以下，当塑料棚内壁水珠消失时应及时喷水补给，并可间隔采用多菌灵液喷雾，有利杀菌。

二、林业抚育技术

（一）森林抚育

森林抚育是指从造林起到成熟龄以前的森林培育过程中，为保证幼林成活，促进林木生长，改善林木组成和品质，以及提高森林生产力所采取的各项措施，包括除草、松土、间作、施肥、灌溉、排水、去藤、修枝、抚育采伐、栽植下木等工作。

（二）低效林改造

低效林是受人为因素的直接作用或诱导自然因素的影响，林分结构和稳定性失调，林木生长发育衰竭，系统功能退化或丧失，导致森林生态功能、林产品产量或生物量显著低于同类立地条件下相同林分平均水平的林分总称。低效林改造是指为改善林分结构，开发林地生产潜力，提高林分质量和效益水平，对低效林采取的结构调整、树种更替、补植补播、封山育林、林分抚育、嫁接复壮等营林措施。

（三）幼林郁闭前及未成林造林地抚育技术

通过协调改善土壤、水、肥、气、热等条件而提高林地生产力的各项技术措施。主要包括松土除草、灌溉、施肥、排涝降渍、合理间作等。

1. 除草松土

幼林郁闭前，林内光照使杂草长势较旺，及时松土、除草能防止杂草与幼树争夺土壤水分和养分，提高土壤通气性，促进土壤微生物的繁殖和土壤有机物的分解，改善林木根系的呼吸作用，明显提高生长量。多数林分可通过林间套作以耕代抚或化学除草解决草害。

2. 灌溉

灌溉能增加叶面积指数，增强光合作用能力。合理灌溉能提高造林成活率和保存率，促进林木生长，加快林分郁闭。灌溉是人工林速生丰产优质的重要技术措施。但有些树木在积水地内生长不良、地下水位过高和土壤含水量过多时应及时排水降渍。

3. 施肥

在不同的生长发育阶段，不同立地类型，不同树种对养分的需求不同，应通过测土配方制订最佳施肥方案，促进树高、胸径和材积生长。

4. 间作

采用林下间作，实施精细抚育，既能以短养长，又能促进林木迅速生长。林下间套作应以林为主，选择适宜的间套作品种和间作方式，保证幼树足够的营养带和生长空间，真正做到间作促林。

（四）用材林抚育

包括割灌、修枝、透光伐、生长伐、卫生伐等。

1. 割灌

在下木生长旺盛、与林木生长争水争肥严重的中幼龄林中进行。采取机割、人工割等不同方式，优先清除妨碍树木生长的藤条、灌木和杂草，注重保护珍稀濒危树木，以及有生长潜力的幼树、幼苗，以利于调整林分密度和结构。

2. 修枝

（1）修枝的意义

提高木材品质；提高树木的圆满度；提高林木干材生长量；改善林内环境条件。

（2）修枝的基本原理：林冠下部枝条的枯死与脱落和树节的形成

修枝可分为干修和绿修。主要在自然整枝不良、通风透光不畅的林分中进行。重点针对侧枝、萌条、死枝过多的林木。一般在林分充分郁闭，树干下部出现枯枝后开始。具体为针叶树一般在造林 7~8 年后进行；阔叶树在造林 2~3 年后进行；速生丰产用材林修枝抚育于造林后第三年春季萌芽前或秋季落叶后进行。

易受冻害的树种，宜在春季树木已开始发芽时进行修枝；杨树、柳树、栎树等在春季发芽前树液流动旺盛，皮层与木质部极易分离的树种，宜在冬末树液开始流动以前进行修枝；刺槐、白榆等这些萌芽力很强的阔叶树种宜在生长季节修枝；枫杨、核桃等冬春修枝会形成严重伤流的阔叶树种，也宜在树木生长旺盛季节进行修枝。

（3）方法

一般采取平切法。对于松树等轮生枝，宜采用留桩法，修枝时留 1~3 厘米的残桩。修枝要求切口平滑，不撕裂树皮。若需要培养一定长度的无节树干，可根据树种特性在秋冬或春季采取摘芽措施，摘侧芽，促顶芽。实践中，对松树在早春树液流动时进行摘芽取得良好效果，对白榆、刺槐等萌芽力和成枝力较强的树种单纯摘芽效果不明显。

（4）间隔期

针叶树在前一次修枝后出现两轮死枝时再次修枝。阔叶树早期修枝有利于控侧枝促主干生长，间隔期宜短，一般是 2~3 年。

（5）强度

修枝强度分 3 级，即强度、中度、弱度。弱度修枝修去树高 1/3 以下的枝条，中度修枝修去树高 1/2 以下枝条，强度修枝修去树高 2/3 以下的枝条。

总体上修枝高度幼龄林不超过树高的 1/3，中龄林不超过树高的 1/2。

3. 抚育间伐

透光伐、生长伐和卫生伐统称为抚育间伐。

（1）抚育间伐的任务

①按经营要求，调整林分组成；②清除劣质林木，提高林分质量；③调整林分密度，缩短工艺成熟期；④实现早期利用，提高木材总利用量；⑤增强林分抗性，发挥森林多种功能。

透光伐在幼龄林阶段进行。在密度过大生长空间竞争剧烈的幼龄林中进行。按照确定的保留株数，间密留疏，去劣留优，保留珍贵树种和优质树木，合理调整林分结构。次生林或人工林、混交林或单纯林均适用。

（2）目的

解决目标树与非目标树、草本植物之间的矛盾，保证目标树不受任何压抑，及早获得有利的生育空间，从而加速其生长。

（3）间伐条件（其中之一）

①郁闭后目标树受到非目标树、灌木、杂草压制时；②郁闭度在 0.9 或分布不均，郁闭度 0.8 以上的人工林；③郁闭度在 0.8 或分布不均、郁闭度 0.7 以上的天然林。

（4）间伐对象

①天然林中伐除对象是高大草本植物、灌木、藤蔓与影响目标树幼树生长的萌芽条、霸王树与上层残留木及目标树中生长不良的林木，调节林分密度；②在人工纯林中伐除对象是过密的和树干纤细、生长落后、干形不良、无培育前途的林木；③在人工混交林中，伐除对象是有碍保留木生长的乔灌木、藤蔓和草本植物。

（5）开始时间

①幼林郁闭后，林分密度大，林木受光不足，出现营养空间竞争、林木开始分化时；②目标树开始受到非目标树、灌木、杂草压抑时。

（6）方法

①全面抚育。

将林地上抑制目的树种生长的其他树种普遍按一定强度采伐 1 次。通常适用于目的树种占优势且分布均匀，交通方便、劳力充足和薪炭材有销路的地区。

②带状抚育。

将林地分成若干带，在带内进行抚育。带宽 1~2 米；带间距 3~4 米，这里不进行砍伐，称为间隔带或保留带。经带状抚育后，形成交互排列的透光廊状带与间隔带的林分。在带内透光伐后 5~10 年，如果保留带上的林木妨碍砍伐带上树木生长，则应将那些影响砍伐带上的树木砍去。

③团状抚育。

当目的树种分布不均，且数量不多时采用此法。抚育仅在有目的树种存在的群团中进行，可节省劳力和费用。

4. 生长伐

在自然整枝过度的用材林中龄林阶段进行。伐除生长过密、生长不良和影响目标树生长发育的林木，进一步调整树种组成与林分密度，加速保留木生长，缩短工艺成熟期，提高林分质量和经济效益。

5. 卫生伐

为改善森林卫生状况，促进林木健康生长而进行的采伐。将枯立木、受病虫危害不能成材的树木，以及遭风、雪危害，受机械损伤将要死亡的树木砍去。一般与其他抚育间伐结合进行，亦可单独进行。

当受害木数量较多时，要适当保留受害较轻的林木，使林分郁闭度保持在0.6以上。耐火烧树种在火灾发生后的2~3年内分数次逐步伐除火烧木，首次伐除的严重火烧木不要超过林木总数的30%。

（五）生态公益林抚育（防护林和特用林）

生态公益林抚育以不破坏原生植物群落结构为前提，其主要目的是提高林木生长势，促进森林生长发育，诱导形成复层群落结构，增强森林生态系统的生态防护功能。分林分抚育和林带抚育。

1. 防护林

目的树种多、有培育前途，并且抚育不会造成水土流失和风蚀沙化的防护林分。

2. 特用林

有培育前途，抚育不会造成特种功能降低。

（六）封山育林

对具有天然下种或萌蘖能力强的疏林，无立木林地、宜林地、灌丛实施封禁，保护植物的自然繁殖生长，并辅以人工促进手段，促使恢复形成森林或灌草植被；以及对低质、低效有林地、灌木林地进行封禁，并辅以人工促进经营改造措施，以提高森林质量的一项技术措施。分无林地和疏林地封育、有林地和灌木林地封育两类。

1. 无林地和疏林地（郁闭度0.1~0.19）封育

对宜林地、无立木林地、疏林地实施封禁并辅以人工促进手段，使其形成森林或灌草植被的一项技术措施。

2. 有林地（郁闭度小于0.5）和灌木林地封育

对低质、低效有林地、灌木林地实施封禁，并采取定向培育的育林措施，即通过保留目的树种幼苗、幼树，适当补植改造，并充分利用生态系统的自我修复能力，提高林分质量的一项技术措施。前者增加森林覆盖率，后者不增加森林覆盖率。

第二章 林业生态文明建设

第一节　林业与生态环境文明

一、现代林业与生态建设

维护国家的生态安全必须大力开展生态建设。国家要求“在生态建设中，要赋予林业以首要地位”，这是一个很重要的命题。这个命题至少说明现代林业在生态建设中占有极其重要的位置。

为了深刻理解现代林业与生态建设的关系，首先，必须明确生态建设所包括的主要内容。加强能源资源节约和生态环境保护，增强可持续发展能力。坚持节约资源和保护环境的基本国策，关系人民群众切身利益和中华民族生存发展。必须把建设资源节约型、环境友好型社会放在工业化、现代化发展战略的突出位置，落实到每个单位、每个家庭。要完善有利于节约能源资源和保护生态环境的法律和政策，加快形成可持续发展体制机制。落实节能减排工作责任制。开发和推广节约、替代、循环利用和治理污染的先进适用技术，发展清洁能源和可再生能源，保护土地和水资源，建设科学合理的能源资源利用体系，提高能源资源利用效率。发展环保产业，加大节能环保投入，重点加强水、大气、土壤等污染防治，改善城乡人居环境。加强水利、林业、草原建设，加强荒漠化石漠化治理，促进生态修复。加强应对气候变化能力建设，为保护全球气候做出新贡献。

其次，必须认识现代林业在生态建设中的地位。生态建设的根本目的，是为了提升生态环境的质量，提升人与自然和谐发展、可持续发展的能力。现代林业建设对于实现生态建设的目标起着主体作用，在生态建设中处于首要地位。这是因为，森林是陆地生态系统的主体，在维护生态平衡中起着决定作用。林业承担着建设和保护“三个系统一个多样性”的重要职能，即建设和保护森林生态系统、管理和恢复湿地生态系统、改善和治理荒漠生态系统、维护和发展生物多样性。科学家把森林生态系统喻为“地球之肺”，把湿地生态系统喻为“地球之肾”，把荒漠化喻为“地球的癌症”，把生物多样性喻为“地球的免疫系统”。这“三个系统一个多样性”，对保持陆地生态系统的整体功能起着中枢作用和杠杆作用，无论损害和破坏哪一个系统，都会影响地球的生态平衡，影响地球的健康长寿，危及人类生存的根基。只有建设和保护好这些生态系统，维护和发展好生物多样性，人类才能永远地在地球这一共同的美丽家园里繁衍生息、发展进步。

（一）森林被誉为大自然的总调节，维持着全球的生态平衡

地球上的自然生态系统可划分为陆地生态系统和海洋生态系统。其中森林生态系统是陆地生态系统中组成最复杂、结构最完整、能量转换和物质循环最旺盛、生物生产力最高、生态效应最强的自然生态系统；是构成陆地生态系统的主体；是维护地球生态安全的重要保障，在地球自然生态系统中占有首要地位。森林在调节生物圈、大气圈、水圈、土壤圈的动态平衡中起着基础性、关键性作用。

森林生态系统是世界上最丰富的生物资源和基因库。仅热带雨林生态系统就有 200 万~400 万种生物。森林的大面积被毁，大大加速了物种消失的速度。近 200 年来，濒临灭绝的物种就有将近 600 种鸟类、400 余种兽类、200 余种两栖类以及 2 万余种植物，这比自然淘汰的速度快 1 000 倍。

森林是一个巨大的碳库，是大气中 CO_2 重要的调节者之一。一方面，森林植物通过光合作用，吸收大气中的 CO_2；另一方面，森林动植物、微生物的呼吸及枯枝落叶的分解氧化等过程，又以 CO_2、CO、CH_4 的形式向大气中排放碳。

森林对涵养水源、保持水土、减少洪涝灾害具有不可替代的作用。据专家估算，目前我国森林的年水源涵养量达 3 474 亿吨，相当于现有水库总容量（4 600 亿吨）的 75. 5%。根据森林生态定位监测，4 个气候带 54 种森林的综合涵蓄降水能力为 40. 93~165. 84 mm，即每公顷森林可以涵蓄降水约 1 000 m^3。

（二）森林在生物世界和非生物世界的能量和物质交换中扮演着主要角色

森林作为一个陆地生态系统，具有最完善的营养级体系，即从生产者（森林绿色植物）、消费者（包括草食动物、肉食动物、杂食动物以及寄生和腐生动物）到分解者全过程完整的食物链和典型的生态金字塔。由于森林生态系统面积大，树木形体高大，结构复杂，多层的枝叶分布使叶面积指数大，因此光能利用率和生产力在天然生态系统中是最高的。除了热带农业以外，净生产力最高的就是热带森林，连温带农业也比不上它。以温带地区几个生态系统类型的生产力相比较，森林生态系统的平均值是最高的。以光能利用率来看，热带雨林年平均光能利用率可达 4. 5%，落叶阔叶林为 1. 6%，北方针叶林为 1. 1%，

草地为0.6%，农田为0.7%。由于森林面积大，光合利用率高，因此森林的生产力和生物量均比其他生态系统类型高。

全球森林每年所固定的总能量约为 13×10^{17} kJ，占陆地生物每年固定的总能量 20.5×10^{17} kJ 的 63.4%。因此，森林是地球上最大的自然能量储存库。

（三）森林对保持全球生态系统的整体功能起着中枢和杠杆作用

森林减少是由人类长期活动的干扰造成的。在人类文明之初，人少林茂兽多，常用焚烧森林的办法，获得熟食和土地，并借此抵御野兽的侵袭。进入农耕社会之后，人类的建筑、薪材、交通工具和制造工具等，皆需要采伐森林，尤其是农业用地、经济林的种植，皆由原始森林转化而来。工业革命兴起，大面积森林又变成工业原材料。直到今天，城乡建设、毁林开垦、采伐森林，仍然是许多国家经济发展的重要方式。

伴随人类对森林的一次次破坏，接踵而来的是森林对人类的不断“报复”。巴比伦文明毁灭了，玛雅文明消失了，黄河文明衰退了。水土流失、土地荒漠化、洪涝灾害、干旱缺水、物种灭绝、温室效应，无一不与森林面积减少、质量下降密切相关。

我国森林的破坏导致了水患和沙患两大心腹之患。西北高原森林的破坏导致大量泥沙进入黄河，使黄河成为一条悬河。长江流域的森林破坏也是近现代以来长江水灾不断加剧的根本原因。北方几十万平方千米的沙漠化土地和日益肆虐的沙尘暴，也是森林破坏的恶果。人们总是经不起森林的诱惑，索取物质材料，却总是忘记森林作为大地屏障、江河的保姆、陆地生态的主体，对于人类的生存具有不可替代的整体性和神圣性。

地球上包括人类在内的一切生物都以其生存环境为依托。森林是人类的摇篮、生存的庇护所，它用绿色装点大地，给人类带来生命和活力，带来智慧和文明，也带来资源和财富。森林是陆地生态系统的主体，是自然界物种最丰富、结构最稳定、功能最完善也最强大的资源库、再生库、基因库、碳储库、蓄水库和能源库，除了能提供食品、医药、木材及其他生产生活原料外，还具有调节气候、涵养水源、保持水土、防风固沙、改良土壤、减少污染、保护生物多样性、减灾防洪等多种生态功能，对改善生态、维持生态平衡、保护人类生存发展的自然环境起着基础性、决定性和不可替代的作用。在各种生态系统中，森林生态系统对人类的影响最直接、最重大，也最关键。离开了森林的庇护，人类的生存与发展就会丧失根本和依托。

森林和湿地是陆地最重要的两大生态系统，它们以70%以上的程度参与和影响着地球化学循环的过程，在生物界和非生物界的物质交换和能量流动中扮演着主要角色，对保持陆地生态系统的整体功能、维护地球生态平衡、促进经济与生态协调发展发挥着中枢和杠杆作用。林业就是通过保护和增强森林、湿地生态系统的功能来生产出生态产品。这些生态产品主要包括：吸收 CO_2、释放氧气、涵养水源、保持水土、净化水质、防风固沙、调节气候、清洁空气、减少噪声、吸附粉尘、保护生物多样性等。

二、现代林业与生物安全

（一）生物安全问题

生物安全是生态安全的一个重要领域。目前，国际上普遍认为，威胁国家安全的不只是外敌入侵，诸如外来物种的入侵、转基因生物的蔓延、基因食品的污染、生物多样性的锐减等生物安全问题也危及人类的未来和发展，直接影响着国家安全。维护生物安全，对于保护和改善生态环境，保障人的身心健康，保障国家安全，促进经济、社会可持续发展，具有重要的意义。在生物安全问题中，与现代林业紧密相关的主要是生物多样性锐减及外来物种入侵。

1. 生物多样性锐减

由于森林的大规模破坏，全球范围内生物多样性显著下降。根据专家测算，由于森林的大量减少和其他种种因素，现在物种的灭绝速度是自然灭绝速度的 1 000 倍。这种消亡还呈惊人的加速之势。有许多物种在人类还未认识之前，就携带着它们特有的基因从地球上消失了，而它们对人类的价值很可能是难以估量的。现存绝大多数物种的个体数量也在不断减少。

我国的野生动植物资源十分丰富，在世界上占有重要地位。由于我国独特的地理环境，有大量的特有种类，并保存着许多古老的孑遗动植物属种，如有活化石之称的大熊猫、白鳍豚、水杉、银杉等。但随着生态环境的不断恶化，野生动植物的栖息环境受到破坏，对动植物的生存造成极大危害使其种群急剧减少，有的已灭绝，有的正面临灭绝的威胁。

麋鹿、高鼻羚羊、犀牛、野马、白臀叶猴等珍稀动物已在我国灭绝。高鼻羚羊是 20 世纪 50 年代在新疆灭绝的。大熊猫、金丝猴、东北虎、华南虎、云豹、丹顶鹤、黄腹角雉、白鳍豚、多种长臂猿等 20 个珍稀物种分布区域已显著缩小，种群数量骤减，正面临灭绝危害。

我国高等植物中濒危或接近濒危的物种已达 4 000~5 000 种，占高等植物总数的 15%~20%，高于世界平均水平。有的植物已经灭绝，如崖柏、雁荡润楠、喜雨草等。一种植物的灭绝将引起 10~30 种其他生物的丧失。许多曾分布广泛的种类，现在分布区域已明显缩小，且数量锐减。

关于生态破坏对微生物造成的危害，在我国尚不十分清楚，但一些野生食用菌和药用菌，由于过度采收造成资源日益枯竭的状况越来越严重。

2. 外来物种大肆入侵

根据世界自然保护联盟（IUCN）的定义，外来物种入侵是指在自然、半自然生态系统或生态环境中，外来物种建立种群并影响和威胁到本地生物多样性的过程。毋庸置疑，正确的外来物种的引进会增加引种地区生物的多样性，也会极大丰富人们的物质生活。相反，不适当的引种则会使得缺乏自然天敌的外来物种迅速繁殖，并抢夺其他生物的生存空间，进而导致生态失衡及其他本地物种的减少和灭绝，严重危及一国的生态安全。从某种意义上说，外来物种引进的结果具有一定程度的不可预见性。这也使得外来物种入侵的防治工作显得更加复杂和困难。

（二）现代林业对保障生物安全的作用

生物多样性包括遗传多样性、物种多样性和生态系统多样性。森林是一个庞大的生物世界，是数以万计的生物赖以生存的家园。森林中除了各种乔木、灌木、草本植物外，还有苔藓、地衣、蕨类、鸟类、兽类、昆虫等生物及各种微生物。据统计，目前地球上500万~5 000万种生物中，有50%~70%在森林中栖息繁衍，因此森林生物多样性在地球上占有首要位置。在世界林业发达国家，保持生物多样性成为其林业发展的核心要求和主要标准，比如在美国密西西比河流域，人们对森林的保护意识就是从猫头鹰的锐减而开始警醒的。

1. 森林与保护生物多样性

森林是以树木和其他木本植物为主体的植被类型，是陆地生态系统中最大的亚系统，是陆地生态系统的主体。森林生态系统是指由以乔木为主体的生物群落（包括植物、动物和微生物）及其非生物环境（光、热、水、气、土壤等）综合组成的动态系统，是生物与环境、生物与生物之间进行物质交换、能量流动的景观单位。森林生态系统不仅分布面积广并且类型众多，超过陆地上的任何其他生态系统，它的立体成分体积大、寿命长、层次多，有着巨大的地上和地下空间及长效的持续周期，是陆地生态系统中面积最大、组成最复杂、结构最稳定的生态系统，对其他陆地生态系统有很大的影响和作用。森林不同于其他陆地生态系统，具有面积大、分布广、树形高大、寿命长、结构复杂、物种丰富、稳定性好、生产力高等特点，是维持陆地生态平衡的重要支柱。

森林拥有最丰富的生物种类。有森林存在的地方，一般环境条件不太严酷，水分和温度条件较好，适于多种生物的生长。而林冠层的存在和森林多层性造成在不同的空间形成了多种小环境，为各种需要特殊环境条件的植物创造了生存的条件。丰富的植物资源又为各种动物和微生物提供了食料和栖息繁衍的场所。因此，在森林中有着极其丰富的生物物种资源。森林中除建群树种外，还有大量的植物包括乔木、亚乔木、灌木、藤本、草本、菌类、苔藓、地衣等。森林动物从兽类、鸟类，到两栖类、爬虫、线虫、昆虫，以及微生物等，不仅种类繁多，而且个体数量大，是森林中最活跃的成分。全世界有500万~5 000万个物种，而人类迄今从生物学上描述或定义的物种（包括动物、植物、微生物）仅有140万~170万种，其中半数以上的物种分布在仅占全球陆地面积7%的热带森林里。例如，我国西双版纳的热带雨林2 500 m^2 内（表现面积）就有高等植物130种，而东北平原的羊草草原1 000m^2（表现面积）只有10~15种，可见森林生态系统的物种明显多于草原生态系统。至于农田生态系统，生物种类更是简单量少。当然，不同的森林生态系统的物种数量也有很大差异，其中热带森林的物种最为丰富，它是物种形成的中心，为其他地区提供了各种“祖系原种”。例如，地处我国南疆的海南岛，土地面积只占全国土地面积的0.4%，但却拥有维管束植物4 000余种，约为全国维管束植物种数的1/7；乔木树种近千种，约为全国的1/3；兽类77种，约为全国的21%；鸟类344种，约为全国的26%。由此可见，热带森林中生物种类的丰富程度。另外，还有许多物种在我们人类尚未发现和利用之前就由于大规模的森林被破坏而灭绝了，这对我们人类来说是一个无法挽回的损失。目前，世界上有30余万种植物、4.5万种脊椎动物和500万种非脊椎动物，我国有木本植物8 000余种，乔木2 000余种，是世界上森林树种最丰富的国家之一。

森林组成结构复杂。森林生态系统的植物层次结构比较复杂，一般至少可分为乔木层、亚乔木层、下木层、灌木层、草本层、苔藓地衣层、枯枝落叶层、根系层以及分布于地上部分各个层次的层外植物垂直面和零星斑块、片层等。它们具有不同的耐阴能力和水湿要求，按其生态特点分别分布在相应的林内空间小生境或片层，年龄结构幅度广，季相变化大，因此形成复杂、稳定、壮美的自然景观。乔木层中还可按高度不同划分为若干层次。例如，我国东北红松阔叶林地乔木层常可分为3层：第一层由红松组成；第二层由椴树、云杉、裂叶榆和色木等组成；第三层由冷杉、青楷槭等组成。在热带雨林内层次更为复杂，乔木层就可分为4或5层，有时形成良好的垂直郁闭，各层次间没有明显的界线，很难分层。例如，我国海南岛的一块热带雨林乔木层可分为三层或三层以上。第一层由蝴蝶树、青皮、坡垒、细子龙等散生巨树构成，树高可达40m；第二层由山荔枝、多种厚壳楂、多种蒲桃、多种柿树、大花第伦桃等组成，这一层有时还可分层，下层乔木有粗毛野桐、几种白颜、白茶和阿芳等。下层乔木下面还有灌木层和草本层，地下根系存在浅根层和深根层。此外还有种类繁多的藤本植物、附生植物分布于各层次。森林生态系统中各种植物和成层分布是植物对林内多种小生态环境的一种适应现象，有利于充分利用营养空间和提高森林的稳定性。由耐阴树种组成的森林系统，年龄结构比较复杂，同一树种不同年龄的植株分布于不同层次形成异龄复层林。如西藏的长苞冷杉林为多代的异龄天然林，年龄从40年生至300年生以上均有，形成比较复杂的异龄复层林。东北的红松也有不少为多世代并存的异龄林，如带岭的一块蕨类榛子红松林，红松的年龄分配延续10个龄级，年龄的差异达200年左右。异龄结构的复层林是某些森林生态系统的特有现象，新的幼苗、幼树在林层下不断生长繁衍代替老的一代，因此这一类森林生态系统稳定性较大，常常是顶级群落。

森林分布范围广，形体高大，长寿稳定。森林约占陆地面积的29.6%。由落叶或常绿以及具有耐寒、耐旱、耐盐碱或耐水湿等不同特性的树种形成的各种类型的森林（天然林和人工林，分布在寒带、温带、亚热带、热带的山区、丘陵、平地，甚至沼泽、海涂滩地）等地方。森林树种是植物界中最高大的植物，由优势乔木构成的林冠层可达十几米、数十米，甚至上百米。我国西藏波密的丽江云杉高达60~70 m，云南西双版纳的望天树高达70~80 m。北美红杉和巨杉也都是世界上最高大的树种，能够长到100m以上，而澳大利亚的桉树甚至可高达150 m。树木的根系发达，深根性树种的主根可深入地下数米至十几米。树木的高大形体在竞争光照条件方面明显占据有利地位，而光照条件在植物种间生存竞争中往往起着决定性作用。因此，在水分、温度条件适于森林生长的地方，乔木在与其他植物的竞争过程中常占优势。此外，由于森林生态系统具有高大的林冠层和较深的根系层，因此它们对林内小气候和土壤条件的影响均大于其他生态系统，并且还明显地影响着森林周围地区的小气候和水文情况。树木为多年生植物，寿命较长。有的树种寿命很长，如我国西藏巨柏其年龄已达2 200多年，山西晋祠的周柏和河南嵩山的周柏，据考证已活3 000年以上，台湾阿里山的红桧和山东莒县的大银杏也有3 000年以上的高龄。北美的红杉寿命更长，已达7 800多年。但世界上有记录的寿命最长的树木，要数非洲加纳利群岛上的龙血树，它曾活在世上8 000多年。森林树种的长寿性使森林生态系统较为稳定，并对环境产生长期而稳定的影响。

2. 湿地与生物多样性保护

湿地包括沼泽、泥炭地、湿草甸、湖泊、河流、滞蓄洪区、河口三角洲、滩涂、水库、池塘、水稻田，以及低潮时水深浅于6m的海域地带等。目前，全球湿地面积约有570万km^2，约占地球陆地面积的6%。其中，湖泊占2%，泥塘占30%，泥沼占26%，沼泽占20%，洪泛平原约占15%。

湿地覆盖地球表面仅为6%，却为地球上20%已知物种提供了生存环境。湿地复杂多样的植物群落，为野生动物尤其是一些珍稀或濒危野生动物提供了良好的栖息地，是鸟类、两栖类动物的繁殖、栖息、迁徙、越冬的场所。例如，象征吉祥和长寿的濒危鸟类——丹顶鹤，在从俄罗斯远东迁徙至我国江苏盐城国际重要湿地的 2 000km 的途中，要花费约一个月的时间，在沿途 25 块湿地停歇和觅食，如果这些湿地遭受破坏，将给像丹顶鹤这样迁徙的濒危鸟类带来致命的威胁。湿地水草丛生特殊的自然环境，虽不是哺乳动物种群的理想家园，却能为各种鸟类提供丰富的食物来源和营巢、避敌的良好条件。可以说，保存完好的自然湿地，能使许多野生生物能够在不受干扰的情况下生存和繁衍，完成其生命周期，由此保存了许多物种的基因特性。

3. 外来林业有害生物入侵

我国每年林业有害生物发生面积 1 067 万 hm^2 左右，外来入侵的约 280 万 hm^2，占 26%。外来有害植物中的紫茎泽兰、飞机草、微甘菊、加拿大一枝黄花在我国发生面积逐年扩大，目前已达 553 多万 hm^2。

外来林业有害生物对生态安全构成极大威胁。外来入侵种通过竞争或占据本地物种生态位，排挤本地物种的生存，甚至分泌释放化学物质，抑制其他物种生长，使当地物种的种类和数量减少，不仅造成巨大的经济损失，更对生物多样性、生态安全和林业建设构成了极大威胁。近年来，随着国际和国内贸易频繁，外来入侵生物的扩散蔓延速度加剧。

（三）加强林业生物安全保护的对策

1. 加强保护森林生物多样性

根据森林生态学原理，在充分考虑物种的生存环境的前提下，用人工促进的方法保护森林生物多样性。一是强化林地管理。林地是森林生物多样性的载体，在统筹规划不同土地利用形式的基础上，要确保林业用地不受侵占及毁坏。林地用于绿化造林，采伐后及时更新，保证有林地占林业用地的足够份额。在荒山荒地造林时，贯彻适地适树营造针阔混交林的原则，增加森林的生物多样性。二是科学分类经营。实施可持续林业经营管理对森林实施科学分类经营，按不同森林功能和作用采取不同的经营手段，为森林生物多样性保护提供了新的途径。三是加强自然保护区的建设。对受威胁的森林动植物实施就地保护和迁地保护策略，保护森林生物多样性。建立自然保护区有利于保护生态系统的完整性，从而保护森林生物多样性。目前，还存在保护区面积比例不足，分布不合理，用于保护的经费及技术明显不足等问题。四是建立物种的基因库。这是保护遗传多样性的重要途径，同时信息系统是生物多样性保护的重要组成部分。因此，尽快建立先进的基因数据库，并根据物种存在的规模、生态环境、地理位置建立不同地区适合生物进化、生存和繁衍的基因局域保护网，最终形成全球性基因保护网，实现共同保护的目的。也可建立生境走廊，把相互隔离的不同地区的生境连接起来构成保护网、种子库等。

2. 防控外来有害生物入侵蔓延

一是加快法制进程，实现依法管理。建立完善的法律体系是有效防控外来物种的首要任务。要修正立法目的，制定防控生物入侵的专门性法律，要从国家战略的高度对现有法律法规体系进行全面评估，并在此基础上通过专门性立法来扩大调整范围，对管理的对象、权利与责任等问题做出明确规定。要建立和完善外来物种管理过程中的责任追究机制，做到有权必有责、用权受监督、侵权要赔偿。二是加强机构和体制建设，促进各职能部门行动协调。外来入侵物种的管理是政府一项长期的任务，涉及多个环节和诸多部门，应实行统一监督管理与部门分工负责相结合，中央监管与地方管理相结合，政府监管与公众监督相结合的原则，进一步明确各部门的权限划分和相应的职责，在检验检疫，农、林、牧、渔、海洋、卫生等多部门之间建立合作协调机制，以共同实现对外来入侵物种的有效管理。三是加强检疫封锁。实践证明，检疫制度是抵御生物入侵的重要手段之一，特别是对于无意引进而言，无疑是一道有效的安全屏障。要进一步完善检验检疫配套法规与标准体系及各项工作制度建设，不断加强信息收集、分析有害生物信息网络，强化疫情意识，加大检疫执法力度，严把国门。在科研工作方面，要强化基础建设，建立控制外来物种技术支持基地；加强检验、监测和检疫处理新技术研究，加强有害生物的生物学、生态学、毒理学研究。四是加强引种管理，防止人为传入。要建立外来有害生物入侵风险的评估方法和评估体系。完善引种政策，建立经济制约机制，加强引种后的监管。五是加强教育引导，提高公众防范意识。另外，还要加强国际交流与合作。

3. 加强对林业转基因生物的安全监管

随着国内外生物技术的不断创新发展，人们对转基因植物的生物安全性问题也越来越关注。生物安全和风险评估本身是一个进化过程，随着科学的发展，生物安全的概念、风险评估的内容、风险的大小以及人们所能接受的能力都将发生变化。与此同时，植物转化技术将不断在转化效率和精确度等方面得到改进。因此，在利用转基因技术对树木进行改造的同时，我们要处理好各方面的关系。一方面应该采取积极的态度去开展转基因林木的研究；另一方面要加强转基因林木生态安全性的评价和监控，降低其可能对生态环境造成的风险，使转基因林木扬长避短，开创更广阔的应用前景。

三、现代林业与人居生态质量

（一）现代人居生态环境问题

城市化的发展和生活方式的改变在为人们提供各种便利的同时，也给人类健康带来了新的挑战。在中国的许多城市，各种身体疾病和心理疾病，正在成为人类健康的“隐形杀手”。

1. 空气污染

我们周围空气质量与我们的健康和寿命紧密相关。据统计，中国每年空气污染导致1 500万人患支气管病，有200万人死于癌症，而重污染地区死于肺癌的人数比空气良好的地区高4.7~8.8倍。

2. 土壤、水污染

现在，许多城市郊区的环境污染已经深入到土壤、地下水，达到了即使控制污染源，短期内也难以修复的程度。

3. 灰色建筑、光污染

夏季阳光强烈照射时，城市里的玻璃幕墙、釉面砖墙、磨光大理石和各种涂层反射线会干扰视线，损害视力。长期生活在这种视觉空间里，人的生理、心理都会受到很大影响。

4. 紫外线、环境污染

强光照在夏季时会对人体有灼伤作用，而且辐射强烈，使周围环境温度增高，影响人们的户外活动。同时城市空气污染物含量高，对人体皮肤也十分有害。

5. 噪声污染

城市现代化工业生产、交通运输、城市建设造成环境噪声的污染也日趋严重，已成城市环境的一大公害。

6. 心理疾病

很多城市的现代化建筑不断增加，人们工作生活节奏不断加快，而自然的东西越来越少，接触自然成为偶尔为之的奢望，这是造成很多人心理疾病的重要因素。

7. 城市灾害

城市建筑集中，人口密集，发生地震、火灾等重大灾害时，把人群快速疏散到安全地带，对于减轻灾害造成的人员伤亡非常重要。

（二）人居森林和湿地的功能

1. 城市森林的功能

发展城市森林、推进身边增绿是建设生态文明城市的必然要求，是实现城市经济社会科学发展的基础保障，是提升城市居民生活品质的有效途径，是建设现代林业的重要内容。一个城市只有具备良好的森林生态系统，使森林和城市融为一体，高大乔木绿色葱茏，各类建筑错落有致，自然美和人文美交相辉映，人与自然和谐相处，才能称得上是发达的、文明的现代化城市。当前，我国许多城市，特别是工业城市和生态脆弱地区城市，生态承载力低已经成为制约经济社会科学发展的瓶颈。在城市化进程不断加快、城市生态面临巨大压力的今天，通过大力发展城市森林，为城市经济社会科学发展提供更广阔的空间，显得越来越重要、越来越迫切。近年来，许多国家都在开展“人居森林”和“城市林业”的研究和尝试。事实证明，几乎没有一座清洁优美的城市不是靠森林起家的。比如奥地利首都维也纳，市区内外到处是森林和绿地，因此被誉为茫茫绿海中的“岛屿”。此外，日本的东京、法国的巴黎、英国的伦敦，森林覆盖率均为30%左右。城市森林是城市生态系统中具有自净功能的重要组成部分，在调节生态平衡、改善环境质量以及美化景观等方面具有极其重要的作用。从生态、经济和社会三个方面阐述城市森林为人类带来的效益。

（1）净化空气，维持碳氧平衡

城市森林对空气的净化作用，主要表现在能杀灭空气中分布的细菌，吸滞烟灰粉尘，稀释、分解、吸收和固定大气中的有毒有害物质，再通过光合作用形成有机物质。绿色植物能扩大空气负氧离子量，城市林带中空气负氧离子的含量是城市房间里的200~400倍。据测定，城市中一般场所的空气负氧离子含量是1 000~3 000个/cm^3，多的可达10 000~60 000个/cm^3，在城市污染较严重的地方，空气负氧离子的浓度只有40~100个/cm^3。以乔灌草结构的复层林中空气负氧离子水平最高，空气质量最佳，空气清洁度等级最高，而草坪的各项指标最低，说明高大乔木对提高空气质量起主导作用。城市森林能有效改善市区内的碳氧平衡。植物通过光合作用吸收CO_2释放O_2，在城市低空范围内从总量上调节和改善城区碳氧平衡状况，缓解或消除局部缺氧，改善局部地区空气质量。

（2）调节和改善城市小气候，增加湿度，减弱噪声

城市近自然森林对整个城市的降水、湿度、气温、气流都有一定的影响，能调节城市小气候。城市地区及其下风侧的年降水总量比农村地区偏高5%~15%。其中雷暴雨增加10%~15%；城市年平均相对湿度都比郊区低5%~10%。林草能缓和阳光的热辐射，使酷热的天气降温、失燥，给人以舒适的感觉。据测定，夏季乔灌草结构的绿地气温比非绿地低4.8℃，空气湿度可以增加10%~20%。林区同期的3种温度的平均值及年较差都低于市区；四季长度比市区的秋、冬季各长1候，夏季短2候。城市森林对近地层大气有补湿功能。林区的年均蒸发量比市区低19%，其中，差值以秋季最大（25%），春季最小（16%）；年均降水量则林区略多4%，又以冬季为最多（10%）。树木增加的空气湿度相当于相同面积水面的10倍。植物通过叶片大量蒸腾水分而消耗城市中的辐射热，并通过树木枝叶形成的浓荫阻挡太阳的直接辐射热和来自路面、墙面和相邻物体的反射热产生降温增湿效益，对缓解城市热岛效应具有重要意义。此外，城市森林可减弱噪音。据测定，绿

化林带可以吸收声音的26%，绿化的街道比不绿化的可以降低噪声8~10 dB。

（3）涵养水源、防风固沙

树木和草地对保持水土有非常显著的功能。据试验，在坡度为30°、降雨强度为200 mm/h的暴雨条件下，当草坪植物的盖度分别为100%、91%、60%和31%时，土壤的侵蚀分别为0、11%、49%和100%。据北京市园林局测定，1 hm^2 树木可蓄水30万吨。北京城外平原区与中心区相比，降水减少了4.6%，但城外地下径流量比城中心增加了2.5倍，保水率增加了36%。伦敦城区降水量比城外增加了2%，城外地下径流量比城内增加了3.43倍，保水率增加了22%。

（4）维护生物物种的多样性

城市森林的建设可以提高初级生产者（树木）的产量，保持食物链的平衡，同时为兽类、昆虫和鸟类提供栖息场所，使城市中的生物种类和数量增加，保持生态系统的平衡，维护和增加生物物种的多样性。

（5）城市森林带来的社会效益

城市森林社会效益是指森林为人类社会提供的除经济效益和生态效益之外的其他一切效益，包括对人类身心健康的促进、对人类社会结构的改进以及对人类社会精神文明状态的改进。森林社会效益的构成因素包括：精神和文化价值，游憩、游戏和教育机会，对森林资源的接近程度，国有林经营和决策中公众的参与，人类健康和安全等。城市森林的社会效益表现在美化市容，为居民提供游憩场所。以乔木为主的乔灌木结合的“绿道”系统，能够提供良好的遮阴与湿度适中的小环境，减少酷暑行人曝晒的痛苦。城市森林有助于市民绿色意识的形成。城市森林还具有一定的医疗保健作用。城市森林建设的启动，除了可以提供大量绿化施工岗位外，还可以带动苗木培育、绿化养护等相关产业的发展，为社会提供大量新的就业岗位。

2. 湿地在改善人居方面的功能

湿地与人类的生存、繁衍、发展息息相关，是自然界最富生物多样性的生态系统和人类最主要的生存环境之一，它不仅为人类的生产、生活提供多种资源，而且具有巨大的环境功能和效益，在抵御洪水、调节径流、蓄洪防旱、降解污染、调节气候、控制土壤侵蚀、促淤造陆、美化环境等方面有其他系统不可替代的作用。湿地被誉为“地球之肾”和“生命之源”。由于湿地具有独特的生态环境和经济功能，同森林——“地球之肺”有着同等重要的地位和作用，是国家生态安全的重要组成部分，湿地的保护必然成为全国生态建设的重要任务。湿地的生态服务价值居全球各类生态系统之首，不仅能储藏大量淡水（据国家林业和草原局的统计，我国湿地维持着2.7万亿吨淡水，占全国可利用淡水资源总量的96%，为名副其实的最大淡水储存库），还具有独一无二的净化水质功能，且其成本极其低廉（人工湿地工程基建费用为传统二级生活性污泥法处理工艺的1/3~1/2），运行成本亦极低，为其他方法的1/10~1/6。因此，湿地对地球生态环境保护及人类和谐持续发展具有极为重要的作用。

（1）物质生产功能

湿地具有强大的物质生产功能，它蕴藏着丰富的动植物资源。如七里海沼泽湿地是天津沿海地区的重要饵料基地和初级生产力来源。

（2）大气组分调节功能

湿地内丰富的植物群落能够吸收大量的CO_2放出O_2。湿地中的一些植物还具有吸收空气中有害气体的功能，能有效调节大气组分。但同时也必须注意到，湿地生境也会排放出甲烷、氨气等温室气体。沼泽有很大的生物生产效能，植物在有机质形成过程中，不断吸收CO_2和其他气体，特别是一些有害的气体。沼泽地上的O_2很少消耗于死亡植物残体的分解。沼泽还能吸收空气中的粉尘及携带的各种菌，从而起到净化空气的作用。另外，沼泽堆积物具有很大的吸附能力，污水或含重金属的工业废水，通过沼泽能吸附金属离子和有害成分。

（3）水分调节功能

湿地在时空上可分配不均的降水，通过湿地的吞吐调节，避免水旱灾害。七里海湿地是天津滨海平原重要的蓄滞洪区，安全蓄洪深度3.5~4 m。沼泽湿地具有湿润气候、净化环境的功能，是生态系统的重要组成部分。其大部分发育在负地貌类型中，长期积水，生长了茂密的植物，其下根茎交织，残体堆积。据实验研究，每公顷的沼泽在生长季节可蒸发掉7 415吨水分，可见其调节气候的巨大功能。

（4）净化功能

一些湿地植物能有效地吸收水中的有毒物质，净化水质，如氮、磷、钾及其他一些有机物质，通过复杂的物理、化学变化被生物体储存起来，或者通过生物的转移（如收割植物、捕鱼等）等途径，永久地脱离湿地，参与更大范围的循环。沼泽湿地中有相当一部分的水生植物，包括挺水性、浮水性和沉水性的植物，具有很强的清除毒物的能力，是毒物的克星。正因为如此，人们常常利用湿地植物的这一生态功能来净化污染物中的病毒，有效地清除了污水中的“毒素”，达到净化水质的目的。例如，凤眼莲、香蒲和芦苇等被广泛地用来处理污水，用来吸收污水中浓度很高的重金属镉、铜、锌等。在印度的卡尔库塔市，城内没有一座污水处理场，所有生活污水都排入东郊的人工湿地，其污水处理费用相当低，成为世界性的典范。

（5）提供动物栖息地功能

湿地复杂多样的植物群落，为野生动物尤其是一些珍稀或濒危野生动物提供了良好的栖息地，是鸟类、两栖类动物的繁殖、栖息、迁徙、越冬的场所。沼泽湿地特殊的自然环境虽有利于一些植物的生长，却不是哺乳动物种群的理想家园，只是鸟类能在这里获得特殊的享受。因为水草丛生的沼泽环境为各种鸟类提供了丰富的食物来源和营巢、避敌的良好条件。在湿地内常年栖息和出没的鸟类有天鹅、白鹳、大雁、白鹭、苍鹰、浮鸥、银鸥、燕鸥、苇莺、椋鸟等约200种。

（6）调节城市小气候

湿地水分通过蒸发成为水蒸气，然后又以降水的形式降到周围地区，可以保持当地的湿度和降雨量。

（7）能源与航运

湿地能够提供多种能源，水电在中国电力供应中占有重要地位，水能蕴藏占世界第一位，达6.8亿kW巨大的开发潜力。我国沿海多河口港湾，蕴藏着巨大的潮汐能。从湿地中直接采挖泥炭用于燃烧，湿地中的林草作为薪材，是湿地周边农村中重要的能源来源。另外，湿地有着重要的水运价值，沿海沿江地区经济的快速发展，很大程度上是受惠于此。中国约有10万km内河航道，内陆水运承担了大约30%的货运量。

（8）旅游休闲和美学价值

湿地具有自然观光、旅游、娱乐等美学方面的功能，中国有许多重要的旅游风景区都分布在湿地区域。滨海的沙滩、海水是重要的旅游资源，还有不少湖泊因自然景色壮观秀丽而吸引人们向往，辟为旅游和疗养胜地。滇池、太湖、洱海、杭州西湖等都是著名的风景区，除可创造直接的经济效益外，还具有重要的文化价值。尤其是城市中的水体，在美化环境、调节气候、为居民提供休憩空间方面有着重要的社会效益。湿地生态旅游是在观赏生态环境、领略自然风光的同时，以普及生态、生物及环境知识，保护生态系统及生物多样性为目的的新型旅游，是人与自然的和谐共处，是人对大自然的回归。发展生态湿地旅游能提高公共生态保护意识、促进保护区建设，反过来又能向公众提供赏心悦目的景色，实现保护与开发目标的双赢。

（9）教育和科研价值

复杂的湿地生态系统、丰富的动植物群落、珍贵的濒危物种等，在自然科学教育和研究中都有十分重要的作用，它们为教育和科学研究提供了对象、材料和试验基地。一些湿地中保留着过去和现在的生物、地理等方面演化进程的信息，在研究环境演化、古地理方面有着重要价值。

3. 城乡人居森林促进居民健康

数量充足、配置合理的城乡人居森林可有效促进居民身心健康，并在重大灾害来临时起到保障居民生命安全的重要作用。

（1）清洁空气

有关研究表明，每公顷公园绿地每天能吸收900 kg的CO_2，并生产600kg的O_2；一棵大树每年可以吸收225 kg的大气可吸入颗粒物；处于SO_2污染区的植物，其体内含硫量可为正常含量的5~10倍。

（2）饮食安全

利用树木、森林对城市地域范围内的受污染土地、水体进行修复，是最为有效的土壤清污手段，建设污染隔离带与已污染土壤片林，不仅可以减轻污染源对城市周边环境的污染，也可以使土壤污染物通过植物的富集作用得到清除，恢复土壤的生产与生态功能。

（3）绿色环境

“绿色视率”理论认为，在人的视野中，绿色达到25%时，就能消除眼睛和心理的疲劳，使人的精神和心理最舒适。林木繁茂的枝叶、庞大的树冠使光照强度大大减弱，减少了强光对人们的不良影响，营造出绿色视觉环境，也会对人的心理产生多种效应，带来许多积极的影响，使人产生满足感、安逸感、活力感和舒适感。

（4）肌肤健康

医学研究证明：森林、树木形成的绿荫能够降低光照强度，并通过有效地截留太阳辐射，改变光质，对人的神经系统有镇静作用，能使人产生舒适和愉快的情绪，防止直射光产生的色素沉着，还可防止荨麻疹、丘疹、水疱等过敏反应。

（5）维持宁静

森林对声波有散射、吸收功能。在公园外侧、道路和工厂区建立缓冲绿带，都有明显减弱或消除噪声的作用。研究表明，密集和较宽的林带（19~30 m）结合松软的土壤表面，可降低噪声50%以上。

（6）自然疗法

森林中含有高浓度的O_2、丰富的空气负氧离子和植物散发的“芬多精”。到树林中去沐浴“森林浴”，置身于充满植物的环境中，可以放松身心，舒缓压力。研究表明，长期生活在城市环境中的人，在森林自然保护区生活一周后，其神经系统、呼吸系统、心血管系统功能都有明显的改善作用，机体非特异免疫能力有所提高，抗病能力增强。

（7）安全绿洲

城市各种绿地对于减轻地震、火灾等重大灾害造成的人员伤亡非常重要，是“安全绿

洲”和临时避难场所。

此外，在家里种养一些绿色植物，可以净化室内受污染的空气。以前，我们只是从观赏和美化的作用来看待家庭种养花卉。现在，科学家通过测试发现，家庭的绿色植物对保护家庭生活环境有重要作用，如龙舌兰可以吸收室内70%的苯、50%的甲醛等有毒物质。

我们关注生活、关注健康、关注生命，就要关注我们周边生态环境的改善，关注城市森林建设。遥远的地方有森林、有湿地、有蓝天白云、有瀑布流水、有鸟语花香，但对我们居住的城市毕竟遥不可及，亲身体验机会不多。城市森林、树木以及各种绿色植物对城市污染、对人居环境能够起到不同程度的缓解、改善作用，可以直接为城市所用、为城市居民所用，带给城市居民的是日积月累的好处，与居民的健康息息相关。

第二节　林业与生态物质文明

一、林业与经济建设

（一）林业推动生态经济发展的理论基础

1. 自然资本理论

自然资本理论为森林对生态经济发展产生巨大作用提供立论根基。生态经济是对200多年来传统发展方式的变革，它的一个重要的前提就是自然资本正在成为人类发展的主要因素，自然资本将越来越受到人类的关注，进而影响经济发展。森林资源作为可再生的资源，是重要的自然生产力，它所提供的各种产品和服务将对经济具有较大的促进作用，同时也将变得越来越稀缺。

2. 生态经济理论

生态经济理论为林业作用于生态经济提供发展方针。首先，生态经济要求将自然资本的新的稀缺性作为经济过程的内生变量，要求提高自然资本的生产率以实现自然资本的节约，这给林业发展的启示是要大力提高林业本身的效率，包括森林的利用效率。其次，生态经济强调好的发展应该是在一定的物质规模情况下的社会福利的增加，森林的利用规模不是越大越好，而是具有相对的一个度，林业生产的规模也不是越大越好，关键看是不是能很合适地嵌入到经济的大循环中。再次，在生态经济关注物质规模一定的情况下，物质分布需要从占有多的向占有少的流动，以达到社会的和谐，林业生产将平衡整个经济发展中的资源利用。

3. 环境经济理论

环境经济理论提高了在生态经济中发挥林业作用的可操作性。环境经济学强调当人类活动排放的废弃物超过环境容量时，为保证环境质量必须投入大量的物化劳动和活劳动。这部分劳动已越来越成为社会生产中的必要劳动，发挥林业在生态经济中的作用越来越成为一种社会认同的事情，其社会和经济可实践性大大增加。环境经济学理论还认为为了保障环境资源的永续利用，也必须改变对环境资源无偿使用的状况，对环境资源进行计量，实行有偿使用，使社会不经济性内在化，使经济活动的环境效应能以经济信息的形式反馈到国民经济计划和核算的体系中，保证经济决策既考虑直接的近期效果，又考虑间接的长远效果。环境经济学为林业在生态经济中的作用的发挥提供了方法上的指导，具有较强的实践意义。

4. 循环经济理论

循环经济的“3R”原则为林业发挥作用提供了具体目标。减量化、再利用和资源化是循环经济理论的核心原则，具有清晰明了的理论路线，这为林业贯彻生态经济发展方针提供了具体、可行的目标。首先，林业自身是贯彻“3R”原则的主体，林业是传统经济中的重要部门，为国民经济和人民生活提供丰富的木材和非木质林产品，为造纸、建筑和装饰装潢、煤炭、车船制造、化工、食品、医药等行业提供重要的原材料，林业本身要建立循环经济体，贯彻好“3R”原则。其次，林业促进其他产业乃至整个经济系统实现“3R”，森林具有固碳制氧、涵养水源、保持水土、防风固沙等生态功能，为人类的生产生活提供必需的 O_2，吸收 CO_2，净化经济活动中产生的废弃物，在减缓地球温室效应、维护国土生态安全的同时，也为农业、水利、水电、旅游等国民经济部门提供着不可或缺的生态产品和服务，是循环经济发展的重要载体和推动力量，促进了整个生态经济系统实现循环经济。

（二）现代林业促进经济排放减量化

1. 林业自身排放的减量化

林业本身是生态经济体，排放到环境中的废弃物少。以森林资源为经营对象的林业第一产业是典型的生态经济体，木材的采伐剩余物可以留在森林，通过微生物的作用降解为腐殖质，重新参与到生物地球化学循环中。随着生物肥料、生物药剂的使用，初级非木质林产品生产过程中几乎不会产生对环境具有破坏作用的废弃物。林产品加工企业也是减量化排放的实践者，通过技术改革，完全可以实现木竹材的全利用，对林木的全树利用和多功能、多效益的循环高效利用，实现对自然环境排放的最小化。例如，竹材加工中竹竿可进行拉丝，梢头可以用于编织，竹下端可用于烧炭，实现了全竹利用；林浆纸一体化循环发展模式促使原本分离的林、浆、纸 3 个环节整合在一起，让造纸业负担起造林业的责任，自己解决木材原料的问题，发展生态造纸，形成以纸养林，以林促纸的生产格局，促进造纸企业永续经营和造纸工业的可持续发展。

2. 林业促进废弃物的减量化

森林吸收其他经济部门排放的废弃物，使生态环境得到保护。发挥森林对水资源的涵养、调节气候等功能，为水电、水利、旅游等事业发展创造条件，实现森林和水资源的高效循环利用，减少和预防自然灾害，加快生态农业、生态旅游等事业的发展。林区功能型生态经济模式有林草模式、林药模式、林牧模式、林菌模式、林禽模式等。森林本身具有生态效益，对其他产业产生的废气、废水、废弃物具有吸附、净化和降解作用，是天然的过滤器和转化器，能将有害气体转化为新的可利用的物质，如对 SO_2、碳氢化合物、氟化物，可通过林地微生物、树木的吸收，削减其危害程度。

林业促进其他部门减量化排放。森林替代其他材料的使用，减少了资源的消耗和环境的破坏。森林资源是一种可再生的自然资源，可以持续性地提供木材，木材等森林资源的加工利用能耗小，对环境的污染也较轻，是理想的绿色材料。木材具有可再生、可降解、可循环利用、绿色环保的独特优势，与钢材、水泥和塑料并称四大材料，木材的可降解性减少了对环境的破坏。另外，森林是一种十分重要的生物质能源，就其能源当量而言，是仅次于煤、石油、天然气的第四大能源。森林以其占陆地生物物种 50%以上和生物质总量 70%以上的优势而成为各国新能源开发的重点。我国生物质能资源丰富，现有木本油料林总面积超过 400 万 hm^2，种子含油量在 40%以上的植物有 154 种，每年可用于发展生物质能源的生物量为 3 亿吨左右，折合标准煤约 2 亿吨。利用现有林地，还可培育能源林 1 333. 3 万 hm^2，每年可提供生物柴油 500 多万吨。大力开发利用生物质能源，有利于减少煤炭资源过度开采，对于弥补石油和天然气资源短缺、增能源总量、调整能源结构、缓解能源供应压力、保障能源安全有显著作用。

森林发挥生态效益，在促进能源节约中发挥着显著作用。森林和湿地由于能够降低城市热岛效应，从而能够减少城市在夏季由于空调而产生的电力消耗。由于城市热岛增温效应加剧城市的酷热程度，致使夏季用于降温的空调消耗电能大大增加。

（三）现代林业促进产品的再利用

1. 森林资源的再利用

森林资源本身可以循环利用。森林是物质循环和能量交换系统，森林可以持续地提供生态服务。森林通过合理地经营，能够源源不断地提供木质和非木质产品。木材采掘业的循环过程为“培育—经营—利用—再培育”，林地资源通过合理的抚育措施，可以保持生产力，经过多个轮伐期后仍然具有较强的地力。关键是确定合理的轮伐期，自法正林理论诞生开始，人类一直在探索循环利用森林，至今我国规定的采伐限额制度也是为了维护森林的可持续利用；在非木质林产品生产上也可以持续产出。森林的旅游效益也可以持续发挥，而且由于森林的林龄增加，旅游价值也持续增加，所蕴含的森林文化也在不断积淀的基础上更新发展，使森林资源成为一个从物质到文化、从生态到经济均可以持续再利用的生态产品。

2. 林产品的再利用

森林资源生产的产品都易于回收和循环利用，大多数的林产品可以持续利用。在现代人类的生产生活中，以森林为主的材料占相当大的比例，主要有原木、锯材、木制品、人造板和家具等以木材为原料的加工品、松香和橡胶及纸浆等林化产品。这些产品在技术可能的情况下都可以实现重复利用，而且重复利用期相对较长，这体现在二手家具市场发展、旧木材的利用、橡胶轮胎的回收利用等。

3. 林业促进其他产品的再利用

森林和湿地促进了其他资源的重复利用。森林具有净化水质的作用，水经过森林的过滤可以再被利用；森林具有净化空气的作用，空气经过净化可以重复变成新鲜空气；森林还具有保持水土的功能，对农田进行有效保护，使农田能够保持生产力；对矿山、河流、道路等也同时存在保护作用，使这些资源能够持续利用。湿地具有强大的降解污染功能，维持着96%的可用淡水资源。以其复杂而微妙的物理、化学和生物方式发挥着自然净化器的作用。湿地对所流入的污染物进行过滤、沉积、分解和吸附，实现污水净化，据测算，每公顷湿地每天可净化400吨污水，全国湿地可净化水量154亿吨，相当于38.5万个日处理4万吨级的大型污水处理厂的净化规模。

二、现代林业与粮食安全

（一）林业保障粮食生产的生态条件

森林是农业的生态屏障，林茂才能粮丰。森林通过调节气候、保持水土、增加生物多样性等生态功能，可有效改善农业生态环境，增强农牧业抵御干旱、风沙、干热风、台风、冰雹、霜冻等自然灾害的能力，促进高产稳产。实践证明，加强农田防护林建设，是改善农业生产条件，保护基本农田，巩固和提高农业综合生产能力的基础。在我国，特别是北方地区，自然灾害严重。建立农田防护林体系，包括林网、经济林、四旁绿化和一定数量的生态片林，能有效地保证农业稳产高产。由于林木根系分布在土壤深层，不与地表的农作物争肥，并为农田防风保湿，调节局部气候，加之林中的枯枝落叶及林下微生物的理化作用，能改善土壤结构，促进土壤熟化，从而增强土壤自身的增肥功能和农田持续生产的潜力。据实验观测，农田防护林能使粮食平均增产15%~20%。在山地、丘陵的中上部保留发育良好的生态林，对于山下部的农田增产也会起到促进作用。此外，森林对保护草场、保障畜牧业、渔业发展也有积极影响。

（二）林业直接提供森林食品和牲畜饲料

林业可以直接生产木本粮油、食用菌等森林食品，还可为畜牧业提供饲料。中国的2.87亿 hm^2 林地可为粮食安全做出直接贡献。经济林中相当一部分属于木本粮油、森林食品，发展经济林大有可为。经济林是我国五大林种之一，也是经济效益和生态效益结合得最好的林种。经济林是指以生产果品、食用油料、饮料、调料、工业原料和药材等为主要目的的林木。我国适生的经济林树种繁多，达1 000多种，主栽的树种有30多个，每个树种的品种多达几十个甚至上百个。经济林已成为我国农村经济中一项短平快、效益高、潜力大的新型主导产业。我国经济林发展速度迅猛。

第三节　林业与生态精神文明

一、林业与生态教育

（一）森林和湿地生态系统的实践教育作用

森林生态系统是陆地上覆盖面积最大、结构最复杂、生物多样性最丰富、功能最强大的自然生态系统，在维护自然生态平衡和国土安全中处于其他任何生态系统都无可替代的主体地位。健康完善的森林生态系统是国家生态安全体系的重要组成部分，也是实现经济与社会可持续发展的物质基础。人类离不开森林，森林本身就是一座内容丰富的知识宝库，是人们充实生态知识、探索动植物王国奥秘、了解人与自然关系的最佳场所。森林文化是人类文明的重要内容，是人类在社会历史过程中用智慧和劳动创造的森林物质财富和精神财富综合的结晶。森林、树木、花草会分泌香气，其景观具有季相变化，还能形成色彩斑斓的奇趣现象，是人们休闲游憩、健身养生、卫生保健、科普教育、文化娱乐的场所，让人们体验“回归自然”的无穷乐趣和美好享受，这就形成了独具特色的森林文化。

湿地是重要的自然资源，具有保持水源、净化水质、蓄洪防旱、调节气候、促游造陆、减少沙尘暴等巨大生态功能，也是生物多样性富集的地区之一，保护了许多珍稀濒危野生动植物物种。湿地不仅仅是我们传统认识上的沼泽、泥炭地、滩涂等，还包括河流、湖泊、水库、稻田以及退潮时水深不超过 6 m 的海域。湿地不仅为人类提供大量食物、原料和水资源，而且在维持生态平衡、保持生物多样性以及蓄洪防旱、降解污染等方面起到重要作用。

因此，在开展生态文明观教育的过程中，要以森林、湿地生态系统为教材，把森林、野生动植物、湿地和生物多样性保护作为开展生态文明观教育的重点，通过教育让人们感受到自然的美。自然美作为非人类加工和创造的自然事物之美的总和，它给人类提供了美的物质素材。生态美学是一种人与自然和社会达到动态平衡、和谐一致的处于生态审美状态的崭新的生态存在论美学观。这是一种理想的审美的人生，一种“绿色的人生”，是对人类当下“非美的”生存状态的一种批判和警醒，更是对人类永久发展、世代美好生存的深切关怀，也是对人类得以美好生存的自然家园的重建。生态审美教育对于协调人与自然、社会起着重要的作用。

通过这种实实在在的实地教育，会给受教育者带来完全不同于书本学习的感受，加深其对自然的印象，增进与大自然之间的感情，必然会更有效地促进人与自然和谐相处。森林与湿地系统的教育功能至少能给人们的生态价值观、生态平衡观、自然资源观带来全新的概念和内容。

生态价值观要求人类把生态问题作为一个价值问题来思考，不能仅认为自然界对于人类来说只有资源价值、科研价值和审美价值，而且还有重要的生态价值。所谓生态价值是指各种自然物在生态系统中都占有一定的“生态位”，对于生态平衡的形成、发展、维护都具有不可替代的功能作用。它是不以人的意志为转移的，它不依赖人类的评价，不管人类存在不存在，也不管人类的态度和偏好，它都是存在的。毕竟在人类出现之前，自然生态就已存在了。生态价值观要求人类承认自然的生态价值、尊重生态规律，不能以追求自己的利益作为唯一的出发点和动力，不能总认为自然资源是无限的、无价的和无主的，人们可以任意地享用而不对它承担任何责任，而应当视其为人类的最高价值或最重要的价值。人类作为自然生态的管理者，作为自然生态进化的引导者，义不容辞地具有维护、发展、繁荣、更新和美化地球生态系统的责任。它“是从更全面更长远的意义上深化了自然与人关系的理解”。正如马克思曾经说过的，自然环境不再只是人的手段和工具，而是作为人的无机身体成为主体的一部分，成为人的活动的目的性内容本身。应该说，“生态价值”的形成和提出，是人类对自己与自然生态关系认识的一个质的飞跃，是人类极其重要的思想成果之一。

在生态平衡观看来，包括人在内的动物、植物甚至无机物，都是生态系统里平等的一员，它们各自有着平等的生态地位，每一生态成员各自在质上的优劣、在量上的多寡，都对生态平衡起着不可或缺的作用。今天，虽然人类已经具有了无与伦比的力量优势，但在自然之网中，人与自然的关系不是敌对的征服与被征服的关系，而是互惠互利、共生共荣的友善平等关系。自然界的一切对人类社会生活有益的存在物，如山川草木、飞禽走兽、大地河流、空气、物蓄矿产等，都是维护人类“生命圈”的朋友。我们应当从小对中小学生培养具有热爱大自然、以自然为友的生态平衡观，此外也应在最大范围内对全社会进行自然教育，使我国的林业得到更充分的发展与保护。

自然资源观包括永续利用观和资源稀缺观两个方面，充分体现着代内道德和代际道德问题。自然资源的永续利用是当今人类社会很多重大问题的关键所在，对可再生资源，要求人们在开发时，必须使后续时段中资源的数量和质量至少要达到目前的水平，从而理解可再生资源的保护、促进再生、如何充分利用等问题；而对于不可再生资源，永续利用则要求人们在耗尽它们之前，必须能找到替代他们的新资源，否则，我们的子孙后代的发展权利将会就此被剥夺。自然资源稀缺观有 4 个方面：①自然资源自然性稀缺。我国主要资源的人均占有量大大低于世界平均水平。②低效率性稀缺。资源使用效率低，浪费现象严重，加剧了资源供给的稀缺性。③科技与管理落后性稀缺。科技与管理水平低，导致在资源开发中的巨大浪费。④发展性稀缺。我国在经济持续高速发展的同时，也付出了资源的高昂代价，加剧了自然资源紧张、短缺的矛盾。

（二）生态基础知识的宣传教育作用

改善生态环境，促进人与自然的协调与和谐，努力开创生产发展、生活富裕和生态良好的文明发展道路，既是中国实现可持续发展的重大使命，也是新时期林业建设的重要任务。《中共中央国务院关于加快林业发展的决定》明确指出，在可持续发展中要赋予林业以重要地位，在生态建设中要赋予林业以首要地位，在西部大开发中要赋予林业以基础地位。随着国家可持续发展战略和西部大开发战略的实施，我国林业进入了一个可持续发展理论指导的新阶段。凡此种种，无不阐明了现代林业之于和谐社会建设的重要性。有鉴于此，我们必须做好相关生态知识的科普宣传工作，通过各种渠道的宣传教育，增强民族的生态意识，激发人民的生态热情，更好地促进我国生态文明建设的进展。

生态建设、生态安全、生态文明是建设山川秀美的生态文明社会的核心。生态建设是生态安全的基础，生态安全是生态文明的保障，生态文明是生态建设所追求的最终目标。生态建设，即确立以生态建设为主的林业可持续发展道路，在生态优先的前提下，坚持森林可持续经营的理念，充分发挥林业的生态、经济、社会三大效益，正确认识和处理林业与农业、牧业、水利、气象等国民经济相关部门协调发展的关系，正确认识和处理资源保护与发展、培育与利用的关系，实现可再生资源的多目标经营与可持续利用。生态安全是国家安全的重要组成部分，是维系一个国家经济社会可持续发展的基础。生态文明是可持续发展的重要标志。建立生态文明社会，就是要按照以人为本的发展观、不侵害后代人生存发展权的道德观、人与自然和谐相处的价值观，指导林业建设，弘扬森林文化，改善生态环境，实现山川秀美，推进我国物质文明和精神文明建设，使人们在思想观念、科学教育、文学艺术、人文关怀诸方面都产生新的变化，在生产方式、消费方式、生活方式等各方面构建生态文明的社会形态。

人类只有一个地球，地球生态系统的承受能力是有限的。人与自然不仅具有斗争性，而且具有同一性，必须树立人与自然和谐相处的观念。我们应该对全社会大力进行生态教育，要教导全社会尊重与爱护自然，培养公民自觉、自律意识与平等观念，顺应生态规律，倡导可持续发展的生产方式、健康的生活消费方式，建立科学合理的幸福观。幸福的获得离不开良好生态环境，只有在良好生态环境中人们才能生活得幸福，所以要扩大道德的适用范围，把道德诉求扩展至人类与自然生物和自然环境的方方面面，强调生态伦理道德。生态道德教育是提高全民族的生态道德素质、生态道德意识、建设生态文明的精神依托和道德基础。只有大力培养全民族的生态道德意识，使人们对生态环境的保护转为自觉的行动，才能解决生态保护的根本问题，才能为生态文明的发展奠定坚实的基础。在强调可持续发展的今天，对于生态文明教育来说，这个内容是必不可少的。深入推进生态文化体系建设，强化全社会的生态文明观念：一要大力加强宣传教育。深化理论研究，创作一批有影响力的生态文化产品，全面深化对建设生态文明重大意义的认识。要把生态教育作为全民教育、全程教育、终身教育、基础教育的重要内容，尤其要增强领导干部的生态文明观念和未成年人的生态道德教育，使生态文明观深入人心。二要巩固和拓展生态文化阵地。加强生态文化基础设施建设，充分发挥森林公园、湿地公园、自然保护区、各种纪念林、古树名木在生态文明建设中的传播、教育功能，建设一批生态文明教育示范基地。拓展生态文化传播渠道，推进“国树”“国花”“国鸟”评选工作，大力宣传和评选代表各地特色的树、花、鸟，继续开展“国家森林城市”创建活动。三要发挥示范和引领作用。充分发挥林业在建设生态文明中的先锋和骨干作用。全体林业建设者都要做生态文明建设的引导者、组织者、实践者和推动者，在全社会大力倡导生态价值观、生态道德观、生态责任观、生态消费观和生态政绩观。要通过生态文化体系建设，真正发挥生态文明建设主要承担者的作用，真正为全社会牢固树立生态文明观念做出贡献。

通过生态基础知识的教育，能有效地提高全民的生态意识，激发民众爱林、护林的认同感和积极性，从而为生态文明的建设奠定良好基础。

（三）生态科普教育基地的示范作用

当前我国公民的生态环境意识还较差，特别是各级领导干部的生态环境意识还比较薄弱，考察领导干部的政绩时还没有把保护生态的业绩放在主要政绩上。

森林公园、自然保护区、城市动物园、野生动物园、植物园、苗圃和湿地公园等是展示生态建设成就的窗口，也是进行生态科普教育的基地，充分发挥这些园区的教育作用，使其成为开展生态实践的大课堂，对于全民生态环境意识的增强、生态文明观的树立具有突出的作用。森林公园中蕴含着生态保护、生态建设、生态哲学、生态伦理等各种生态文化要素，是生态文化体系建设中的精髓。森林蕴含着深厚的文化内涵，森林以其独特的形体美、色彩美、音韵美、结构美，对人们的审美意识起到了潜移默化的作用，形成自然美的主体旋律。森林文化通过森林美学、森林旅游文化、园林文化、花文化、竹文化等展示了其丰富多彩的人文内涵，在给人们增长知识、陶冶情操、丰富精神生活等方面发挥着难以比拟的作用。

各地在森林公园规划过程中，要把生态文化建设作为森林公园总体规划的重要内容，根据森林公园的不同特点，明确生态文化建设的主要方向、建设重点和功能布局。同时，森林公园要加强森林（自然）博物馆、标本馆、游客中心、解说步道等生态文化基础设施建设，进一步完善现有生态文化设施的配套设施，不断强化这些设施的科普教育功能，为人们了解森林、认识生态、探索自然提供良好的场所和条件。充分认识、挖掘森林公园内各类自然文化资源的生态、美学、文化、游憩和教育价值。根据资源特点，深入挖掘森林、花、竹、茶、湿地、野生动物等文化的发展潜力，并将其建设发展为人们乐于接受且富有教育意义的生态文化产品。森林公园可充分利用自身优势，建设一批高标准的生态科普和生态道德教育基地，把森林公园建设成为对未成年人进行生态道德教育的最生动的课堂。

经过不懈努力，以生态科普教育基地（森林公园、自然保护区、城市动物园、野生动物园、植物园、苗圃和湿地公园等）为基础的生态文化建设取得了良好的成效。今后，要进一步完善园区内的科普教育设施，扩大科普教育功能，增加生态建设方面的教育内容，从人们的心理和年龄特点出发，坚持寓教于乐，有针对性地精心组织活动项目，积极开展生动鲜活，知识性、趣味性和参与性强的生态科普教育活动，尤其是要吸引参与植树造林、野外考察、观鸟比赛等活动，或在自然保护区、野生动植物园开展以保护野生动植物为主题的生态实践活动。尤其针对中小学生集体参观要减免门票，有条件的生态园区要免费向青少年开放。

通过对全社会开展生态教育，使全体公民对中国的自然环境、气候条件、动植物资源等基本国情有更深入的了解。一方面，可以激发人们对祖国的热爱之情，树立民族自尊心和自豪感，阐述人与自然和谐相处的道理，认识到国家和地区实施可持续发展战略的重大意义，进一步明确保护生态自然、促进人类与自然和谐发展中所担负的责任，使人们在走向自然的同时，更加热爱自然、热爱生活，进一步培养生态保护意识和科技意识；另一方面，通过展示过度开发和人为破坏所造成的生态危机现状，让人们形成资源枯竭的危机意识，看到差距和不利因素，进而会让人们产生保护生物资源的紧迫感和强烈的社会责任感，自觉遵守和维护国家的相关规定，在全社会形成良好的风气，真正地把生态保护工作落到实处，还社会一片绿色。

二、现代林业与生态文化

（一）森林在生态文化中的重要作用

在生态文化建设中，除了价值观起先导作用外，还有一些重要的方面。森林就是这样一个非常重要的方面。人们把未来的文化称为“绿色文化”或“绿色文明”，未来发展要走一条“绿色道路”，这就生动地表明，森林在人类未来文化发展中是十分重要的。大家知道，森林是把太阳能转变为地球有效能量，以及这种能量流动和物质循环的总枢纽。地球上人和其他生命都靠植物——主要是森林积累的太阳能生存。森林是地球生态的调节者，是维护大自然生态平衡的枢纽。地球生态系统的物质循环和能量流动，从森林的光合作用开始，最后复归于森林环境。例如，它被称为“地球之肺”，吸收大气和土壤中的污染物质，是“天然净化器”；每公顷阔叶林每天吸收 1 000 kgCO_2，放出 730 kgO_2；全球森林每年吸收 4 000 亿吨 CO_2，放出 4 000 亿吨 O_2，是“造氧机”和 CO_2“吸附器”，对于地球大气的碳平衡和氧平衡有重大作用；森林又是“天然储水池”，平均 33km^2 的森林涵养的水，相当于 100 万 m^3 水库库容的水；它对保护土壤、防风固沙、保持水土、调节气候等有重大作用。这些价值没有替代物，它作为地球生命保障系统的最重要方面，与人类生存和发展有极为密切的关系。对于人类文化建设，森林的价值是多方面的、重要的，包括：经济价值、生态价值、科学价值、娱乐价值、美学价值、生物多样性价值。

无论从生态学（生命保障系统）的角度，还是从经济学（国民经济基础）的角度，森林作为地球上人和其他生物的生命线，是人和生命生存不可缺少的，没有任何代替物，具有最高的价值。森林的问题，是关系地球上人和其他生命生存和发展的大问题。在生态文化建设中，我们要热爱森林，重视森林的价值，提高森林在国民经济中的地位，建设森林，保育森林，使中华大地山常绿、水长流，沿着绿色道路走向美好的未来。

（二）现代林业体现生态文化发展内涵

生态文化是探讨和解决人与自然之间复杂关系的文化；是基于生态系统、尊重生态规律的文化；是以实现生态系统的多重价值来满足人的多重需要为目的的文化；是渗透于物质文化、制度文化和精神文化之中，体现人与自然和谐相处的生态价值观的文化。生态文化要以自然价值论为指导，建立起符合生态学原理的价值观念、思维模式、经济法则、生活方式和管理体系，实现人与自然的和谐相处及协同发展。生态文化的核心思想是人与自然和谐。现代林业强调人类与森林的和谐发展，强调以森林的多重价值来满足人类的物质、文化需要。林业的发展充分体现了生态文化发展的内涵和价值体系。

1. 现代林业是传播生态文化和培养生态意识的重要阵地

牢固树立生态文明观是建设生态文明的基本要求。大力弘扬生态文化可以引领全社会普及生态科学知识，认识自然规律，树立人与自然和谐的核心价值观，促进社会生产方式、生活方式和消费模式的根本转变；可以强化政府部门科学决策的行为，使政府的决策有利于促进人与自然的和谐；可以推动科学技术不断创新发展，提高资源利用效率，促进生态环境的根本改善。生态文化是弘扬生态文明的先进文化，是建设生态文明的文化基础。林业为社会所创造的丰富的生态产品、物质产品和文化产品，为全民所共享。大力传播人与自然和谐相处的价值观，为全社会牢固树立生态文明观、推动生态文明建设发挥了重要作用。

通过自然科学与社会人文科学、自然景观与历史人文景观的有机结合，形成了林业所特有的生态文化体系，它以自然博物馆、森林博览园、野生动物园、森林与湿地国家公园、动植物以及昆虫标本馆等为载体，以强烈的亲和力，丰富的知识性、趣味性和广泛的参与性为特色，寓教于乐、陶冶情操，形成了自然与人文相互交融、历史与现实相得益彰的文化形式。

2. 现代林业发展繁荣生态文化

林业是生态文化的主要源泉，是繁荣生态文化、弘扬生态文明的重要阵地。建设生态文明要求在全社会牢固树立生态文明观。森林是人类文明的摇篮，孕育了灿烂悠久、丰富多样的生态文化，如森林文化、花文化、竹文化、茶文化、湿地文化、野生动物文化和生态旅游文化等。这些文化集中反映了人类热爱自然、与自然和谐相处的共同价值观，是弘扬生态文明的先进文化，是建设生态文明的文化基础。大力发展生态文化，可以引领全社会了解生态知识，认识自然规律，树立人与自然和谐的价值观。林业具有突出的文化功能，在推动全社会牢固树立生态文明观念方面发挥着关键作用。

第三章 林业建设发展战略

第一节 林业发展的总体战略思想

一、总体战略思想

可持续发展战略的思想核心在于正确规范人与自然之间、人与人之间的两大基本关系。具体内涵有四个方面：一是不断地满足当代和后代的生产和生活对于物质能量和信息的需求，强调优化发展；二是资源和环境属于全人类，代际间的使用应体现公正原则，同时每代人都要以公正的原则担负起各自的责任，当代人的发展不能以牺牲后代人的发展为代价，强调公正；三是区际之间应体现共同富裕，以合作、互补、平等的原则，促成空间范围内同代人之间差距缩短，共同去实现“资源、生产、市场”之间的内部协调和统一，强调合理；四是创造“自然-社会-经济”支持系统的外部适宜条件，将系统的组织结构和运行机制不断优化，使人类生活在一种更严格、更有序、更健康、更愉悦的环境之中，强调协调。

（一）与时俱进，实现传统林业发展观和森林价值观的深刻变革

时移则势异，势异则情变，情变则法不用，构筑新世纪中国林业发展战略必须坚持解放思想、实事求是，与时俱进、开拓创新的基本原则，对林业发展的内在规律和问题进行反思和探讨。

不同的历史时期，社会对林业的主导需求不同；不同的经济发展阶段，森林资源在人们头脑中的价值取向不同。回首新中国成立以来的林业发展道路，从资源危机和生态忧患意识中引发了人们对可持续发展的战略思考：我们“战天斗地”，与大自然抗争，在很多时候是把人与自然放在了一个对立面上。社会生产方式、经济增长方式和管理体制有悖于发展规律，从体制和制度上导致了利益格局与资源配置的失衡，造成了对自然资源的损害。

新中国成立之初，百废待兴。帝国主义封锁，国家外汇支付能力低，为了尽快恢复和发展经济，木材生产成了国民经济原始积累与工业建设对林业的主导需求。由此，在整个计划经济时期，林业以“先生产，后生活”的奋斗精神，在极其艰苦的环境下，为支援国家建设提供了大量廉价木材，做出了巨大的历史性贡献。另外，由于社会对资源与环境认识的历史局限性，人们曾一度忽视了森林资源在维护生态平衡、促进国土绿化和提高人类生存环境质量中的作用。在国土整治中，重工程措施，轻生物措施；在林业建设中，重采伐利用，轻资源培育、保护，经营粗放；在经济政策上，重取轻予，投入长期不足，在工业建设和农垦开发中对天然林资源“长期透支”，客观上走了一条以木材生产为中心，以牺牲森林生态、社会效益为代价的支持国民经济建设的道路。在计划经济体制下构建的国有森工体制，“政（政府行政管理职能）企不分”“企社（社会福利保障等社会公共职能）不分”“企事不分”。企业一方面负有对国有森林资源的行政管理职能，另一方面又是木材生产的经营实体。有些地方从下属林场木材生产利润中提取本应由政府财政承担的管理部门的行政事业费用，这种不规范、不合理的做法，导致了以政府行为砍伐天然林行为的产生。在产业产品结构和所有制结构单一的前提下，企业办政府，企业办社会，企业办事业，一切都要依靠采伐，利用森林资源求生存，最终导致了资源危困、经济危机的局面。在农村，尤其是贫困落后地区，传统意识局限于“粮猪型”经济。产业结构单一，生产经营方式落后，加之缺乏以物质利益为原则的政策引导和科技扶持，毁林毁草种粮、采挖、陡坡开垦、超载放牧成了用以解决人口增长、粮食不足、经济贫困等问题的唯一或主要出路。结果是“越垦越荒，越荒越穷，越穷越垦”。为了扩大耕地，毁林开荒、围垦沼泽、移山填海、围湖造田；为了“大炼钢铁”，伐薪烧炭；为了开矿、建房、修路，甚至近十几年来，有些地方仍以各种名义毁林开发，乱占滥用，造成了林地逆转，变森林为疏林、灌木林；变林地为非林地。

长时期大量索取木材，过度消耗天然林资源，日积月累，使得林草植被遭受了严重的破坏，雪线上升，林缘回退；湿地萎缩，水资源短缺加剧；草场退化，荒漠化急剧发展；生物多样性受到了严重破坏，造成了一系列难以挽救的生态恶果。当森林植被的破坏已影响到了人类生存时，其损失往往是一代人甚至是几代人都弥补不了的！人为违背自然规律获取经济利益使人类付出了高昂的生态成本，恶劣的生态环境已成为制约经济发展、加剧贫困的重要根源。

（二）走生态优先，社会经济效益兼顾的林业可持续发展道路势在必行

“生态建设”为主是根据新时期经济社会发展对林业主导需求的变化，为体现生态优

先理念，实现可持续发展而提出的全新林业发展思路。“生态优先”作为新世纪林业发展的主导思想，是对林业认识上的一次重大飞跃，体现了国家对新世纪林业发展的准确定位。

确立了以生态建设为主的林业可持续发展道路，即要在生态优先的前提下，实现由以木材生产为主向以生态建设为主的历史性转变，协调发挥林业的生态效益、社会效益和经济效益，正确认识和处理好林业与农业、牧业、水利等国民经济相关部门协调发展的关系，处理好资源保护与发展、培育与利用的关系，实现可再生资源的多目标经营与可持续利用。新世纪的中国林业正在发生着历史性、根本性的重大转变。

我们统治自然界，绝不能像征服者统治异族一样，绝不能像站在自然界以外的人一样。相反地，我们连同我们的血、肉和头脑都是属于自然界的，存在于自然界的；我们对于自然界的统治，是在于我们比其他一切动物强，能够认识和正确运用自然规律……而且，事实上，我们一天一天地学会了更加正确地去理解自然界的规律，学会了去认识自然界的惯常行程中我们干涉的较近或较远的后果。特别是从 21 世纪自然科学大踏步前进以来，我们就愈来愈有能力去认识我们最普遍的生产行为的较远的自然后果。但是这种事情遇见愈多，人们就愈多地不但可以感觉到，而且认识到，自身是和自然界一致的。人们从资源匮乏、黄河断流、长江洪灾、水土流失、荒漠化扩大和肆虐半个中国的沙尘暴等生态灾难中尝到了苦果，从资源危机和生态忧患意识中领悟到了人与自然角力的辩证法，引发了对自然观、价值观和体制观的深刻转变，对林业可持续发展战略的思考，结论是，人类要改造自然，改善生存环境，必须首先尊重自然、遵循规律。森林植被是人类生存不可缺少的基础条件，无论是以经济需求为主，还是以生态需求为主，其前提和基础都必须是森林资源的可持续发展，都需要以人与自然彼此的亲和力去修正和规范人类行为。人和自然的关系实际上亦是人和人之间的关系在对待自然上的反映及其对自然产生的影响。而林业的问题不是树木的问题，而是人的森林价值观及林业发展理念所导致的行为问题。以森林生态为代价换取暂时经济利益的路不能再走了。中国现代林业实现由以木材生产为主向以生态建设为主的历史性转变，选择走生态优先、资源可持续经营利用的发展道路是规律所至，势在必行。党中央、国务院将改善生态环境作为必须长期坚持的基本国策，提出了再造秀美山川，实施西部大开发战略，这一切表明了社会发展的主导需求和人们对森林的价值观念的转换，同时也将林业推上了生态建设的主体地位。

（三）确保国土“生态安全”是维护国家经济社会可持续发展的重要基础

1. 林业生态体系是国土生态安全体系的主体

林业生态体系的物质基础是森林生态系统，林业生态体系构成的物质主体为各种类型的森林生态系统。要在保护现有的森林生态系统的基础上，运用生态经济原理，从国土整治和国土安全的全局和可持续发展的需要出发，以维护和再造良性生态环境以及维护生物多样性和具代表性的自然景观为目的，在全国范围内，建设起不同层次、不同水平、不同规模的森林生态系统，组成一个完整的林业生态体系。林业生态体系是物质主体与相应的管理、运行机制及保障体系的统一体，是自然、经济及社会的统一体。因此，林业生态体系必然是一个历史的、运动的概念，其构成和运动发展规律必然要与其存在的历史发展阶段相适应，反映出时代的要求。林业生态体系建设，必须与国家的可持续发展战略目标相一致，充分满足国民经济和社会发展对林业生态体系建设的要求，特别是要满足维护国土生态安全的要求。

一个时期的林业生态体系完备与否取决于以下因素：以满足社会综合需求为前提的、分配给林业的土地面积是否尽可能地被森林占据；在当前经济条件允许的前提下，森林的营造和管理是否达到了最大的效益；在既定的社会制度条件下，林业的运行机制是否使林业生产力得到了最大限度的发挥，各种投入、管理、保障机制是否有效推动了林业生态体系的正常运行；林业生态体系的存在和运转是否能有效地保障和促进经济社会的可持续发展，满足国土生态安全的需求。

2. 完备的林业生态体系的基本特征

一是功能齐全。比较完备的森林生态体系应能持续发挥涵养水源、保持水土、防风固沙、净化空气、调节气候、改善生态环境、维护生物多样性等生态防护功能；要不断地为社会提供一定的木材及其他林产品，为农村、特别是贫困地区提供薪材，满足人民群众的物质生活需要，发挥其经济效益；以森林生态系统为依托的自然保护区、森林公园等要为社会提供森林旅游等景观效益，满足人民群众的文化需要；要以其丰富的物种群为人类提供宝贵的基因库，持续地发挥巨大的社会效益。

二是均衡适度。比较完备的林业生态体系应是一个相对的概念，完备与否取决于它与社会经济发展的适应程度。它应充分体现区域自然和经济的特点及优势，组成生态体系的各系统之间的结构，既要满足整体功能和效益比较完备的要求，又要适合各地自然环境条件和经济发展水平。

尽管我国国民经济发展速度很快，综合国力不断增强，但是，我国国民经济建设的任务依然十分艰巨，无论是财力、物力还是人力，要长期支持大规模的林业生态体系建设确实存在不少困难。各地森林资源基础、环境状况和社会经济发展水平差距很大。在这样一个基础上建立起来的林业生态体系只能是一个动态完备的概念，即相对于社会经济发展水平和森林资源与生态环境的基础是均衡适度的，其建设目标应是分区域、分阶段的。

三是结构稳定。系统的结构决定了其功能的发挥，稳定的系统结构以生物多样性为基础能保证最大限度地发挥系统的功能。组成比较完备的林业生态体系的各种类型的森林生态系统必须具有较高的生物多样性、林地生产力、系统恢复能力、较强的抗病虫害、预防火灾的能力、良好的森林景观和防护功能，以保证其持续发挥最优的生态、经济和社会效益。

四是布局合理。比较完备的林业生态体系是以全部国土作为一个整体，从国家可持续发展的需要出发，分阶段、分目标设计建设的不同层次、不同水平和不同规模的最优的生态经济系统，其主导作用是发挥生态功能。比较完备的林业生态体系由合理布局的各种森林生态系统组成，除了合理保护的天然林、人工林、自然保护区和野生动植物保护区的森林生态系统外，还包括沿江河、区域的集水区、源头、风沙带沿线、海岸线建立的森林生态体系，沿各支流、农田周围、道路、村旁、库渠等地建设的防护林体系及城市森林生态系统，以及呈现网络分布，带、片、网、点相结合，重点突出、主次分明的森林生态体系，以保证从整体上发挥最佳的森林功能，满足社会经济发展与人民生活对森林功能多样化的需求。

五是机制完善。比较完备的林业生态体系必须具备一套科学有效的宏观与微观管理运行机制，使林业生态体系的保护和发展具有稳定的投入、有效的运营及合理的补偿机制；具备完善的政策、法律和服务体系；具有一套科学的、可操作的评价指标体系和预警系统，能及时准确地反映林业生态体系的状况，为决策提供参考依据。

六是持续发展。比较完备的林业生态体系必须是可持续发展的，既满足当代人的需求又不对后代人的需求构成危害。林业生态体系的建设必须服从国家可持续发展的要求，不断地满足国民经济发展和人民生活水平提高对森林物质产品和生态服务日益增长的需要，并真正实现林业生态效益、经济效益和社会效益的统一。

3. 林业产业体系与生态体系构成了林业发展的“两翼”

林业产业是整个林业的重要组成部分。比较发达的林业产业体系应该具有基本维持供需平衡，并在国民经济产业关联体系中发挥稳定作用的木材及林产品供给能力；有基本合理的产业结构、组织结构（规模经济）、区域结构、技术结构及贸易结构；做到结构间的协调运行和共同发展；有良好的产业素质，特别是在国际竞争体系中具有较强的竞争力；可以有效保障产业发展的政策支撑体系。核心问题是两个方面：一是建立一个有较高效率的产业结构体系；二是建立符合社会主义市场经济要求的政策保障体系。

（四）建设山川秀美、人与自然和谐相处的生态文明社会

文明不仅是人类特有的存在方式，还是人类唯一的存在方式，也就是人类实践的存在

方式。从原始文明形态到农业文明形态再到工业文明形态，人类经历了三大文明形态。在人类祖先依仗和利用大自然给予的环境条件与物质条件，钻木取火、刳木为舟、筑木为巢开始，繁衍生命、启迪智慧、发明创造走向进化、走向文明的过程中，森林成了人类文明的摇篮。历史上由于森林消失而导致国家衰亡、文明转移的例证屡见不鲜。古巴比伦、古埃及、古印度文明的衰落，以及我国古黄河文明的转移都与森林密切相关，可以说，人类失去森林就会失去未来。人类的发展史就是人与自然的关系史。中国数千年来在认识和改造自然的过程中创造了辉煌的文明成果，也付出了环境恶化、资源紧缺、自毁家园（物质的、精神的家园）的沉重代价。社会生态环境系统的发展有着高的连续性的潜力，可持续发展战略要求经济发展以不破坏生命保障系统的多样性、复杂性及其功能为准则。

“生态文明”是在生态良好，社会经济发达，物质生产丰厚的基础上所实现的人类文明的高级形态，是与社会法律规范和道德规范相协调，与传统美德相承接的良好的社会人文环境、思想理念与行为方式；是经济社会可持续发展的重要标志和先进文化的重要象征，代表了最广大人民群众的根本利益。生态文明的进程是对传统文明的一场变革，要求人类思维方式、发展方式、消费方式生态化。它既是历史发展的必然，又是人类选择的必然；既是我们的理想境地，又是正在发生着实践着的现实。生态文明最重要的标志就是：人和自然的协调与和谐，使人们在优美的生态环境中工作和生活。

建立生态文明、经济繁荣的社会就是要按照以人为本的发展观、不侵害后代人的生存发展权的道德观、人与自然和谐相处的价值观指导林业建设，弘扬森林文化，改善生态环境，实现山川秀美，推进我国物质文明和精神文明建设，促使人们在思想观念、思维方式、科学教育、审美意识、人文关怀诸方面产生新的变化，逐步从生产方式、消费方式、生活方式等各方面构建生态文明的社会形态。

二、战略指导方针

林业战略指导方针是“严格保护，积极发展，科学经营，持续利用”。

我国林业的物质生产和生态服务功能还远远不能满足经济社会发展的客观需要，滞后的林业发展已经成为制约我国经济社会可持续发展的重要因素。在新的历史时期，围绕国家可持续发展的整体目标，林业发展要按照“生态建设、生态安全、生态文明”的战略思想，严格保护天然林、野生动植物以及湿地等典型生态系统；积极发展人工林、林产品精深加工、森林旅游等绿色产业；将高新技术与传统技术相结合，加强森林科学经营；实现森林木质和非木质资源以及生态资源的持续利用。

（一）严格保护天然林、野生动植物以及湿地等典型生态系统

通过严格保护、积极培育、保育结合、休养生息，加快天然林以木材利用为主向生态利用为主转移的步伐，实现天然林资源有效保护与合理利用的良性循环。近期以保护为主，让天然林休养生息，尽快扭转天然林生态系统处于逆向演替的局面，森工企业完成战略性转移；中期以培育为主，利用封山育林、人工造林等措施促进天然林生态系统的恢复，加速其顺向演替的进程。与此同时，要以提升林区经济结构和产业结构为主线，积极培育林区后续产业，适度利用林内资源；长期以合理利用为主，完善保育体系，以实现森林生物多样性愈益丰富、森林生态系统良性循环和生态产业健康发展、生产资源的可持续经营。

加大野生动植物保护、湿地保护、自然保护区的建设力度，使自然资源、野生动植物资源、湿地资源进一步得到有效保护及发展。大力开展珍稀濒危野生动植物种专项保护工程。以就地保护为主，迁地保护为辅，保护、恢复和扩大野生动植物栖息地，实现濒危重要种质资源保存与典型生态系统的保护，维护和丰富森林生物多样性，显著提高我国生物多样性保护的规模、水平和成效。

实施退耕还林是改变不合理的土地利用和耕作方式、减少水土流失、根治水患的根本措施，是农村经济结构战略性调整的重要途径，是生态建设外延上的扩展。按照“退耕还林，封山绿化，以粮代赈，个体承包”的总体思路，对中西部地区粮食产量低而不稳、水土流失和风沙危害严重的坡耕地和沙化耕地实施退耕还林。

（二）积极发展商品林等绿色产业

以商品林的大发展带动林业产业的大发展，以林产加工业的大发展带动森林资源培育业的大发展，以森林旅游业的大发展带动森林服务业的大发展，满足经济社会发展和人民生活对森林产品及服务日益增长的需求。在立地条件好，不会造成水土流失的地区，结合区域特色，建立产业带，加快丰产林的建设步伐，逐步实现以采伐天然林为主向采伐人工林为主的转变，积极培育工业原料林、经济果木林、竹藤花卉等商品林，大力发展林产品的精深加工、林浆纸的一体化以及可再生、可降解的木质及非木质新型复合材料，加速推进森林旅游等服务业的发展，提高森林资源综合利用率，实现国内林产品供需平衡。

积极面对经济全球化、贸易自由化以及我国加入 WTO 的机遇与挑战，要充分利用“绿箱政策”，特别是有效利用结构调整支持、环境计划支持、地区援助支持等手段，加强

林业可持续发展的能力建设，提高产业的国际竞争力；实施木材资源进口替代和木材加工产品出口导向相结合的开放战略，充分利用国际国内两个市场、两种资源，在国际贸易中加大林产品进口力度，在实施“走出去”战略中加大对国外林业资源的开发，以满足国内需求的力度，充分利用国际资源，弥补国内需求缺口，发挥比较优势以形成多层次的对外开放格局；认真履行与林业有关的国际公约，积极参与国际森林政策对话和区域进程，制定相关的森林认证和林产品认证标准；积极利用国际多双边援助，加强林业领域的国际合作，加快国际接轨步伐，大力发展外向型经济，扩大林业发展空间。

（三）科学经营，实现森林木质和非木质资源以及生态资源的可持续利用

以科技为先导，以创新为动力，大幅度提高林业生态建设和产业建设的质量和效益，建设高效、集约、持续的现代林业，必须把林业新科技革命作为推动生产力发展的强大动力和根本途径。按照分类经营和比较优势原则，采取定向培育，高新技术与传统技术相结合的方式加强森林科学经营，实现木质和非木质森林资源以及生态资源的持续利用。面向林业建设主战场，围绕西部生态环境建设和六大林业重点工程建设急需，强化科技先导，加速林业科技成果转化推广和科技产业化，突破“技术瓶颈”，为其提供科技支撑。以实施林业专利、标准、人才战略为重点，全面贯彻“依靠”“面向”“攀高峰”的科技工作基本方针，促进全行业的科技进步，努力实现林业生态建设和产业建设的高质量、高效益发展，为满足国民经济和社会对森林产品及服务的多样化需求提供强大的科技支撑和不竭的发展动力。

林业可持续发展的基础是森林资源的可持续经营。保护森林资源是为了更好地对其进行利用，而科学合理地利用又能够有效地促进保护。只有科学经营才能使森林资源的三大效益可持续协调发挥。要结合中国国情，借鉴世界林业发达国家“多效益综合经营模式”，发挥森林资源的多功能优势，在生态优先的前提下，改变林地利用结构、林种结构和产业结构不合理的状况，实现林业结构优化。在增长方式上要实现粗放经营向集约经营转变；在科技上要实现由低度化向高度化的转变，建立科技创新体制，积极发展数字林业，实现林业管理革命和林业信息化；在经营机制上要勇于创新，改善政策，建立有利于调动全社会力量，多主体参与、多渠道投入、多形式经营的利益激励机制，不断提高林业对全社会的服务质量，开创 21 世纪林业发展更广阔的领域和更高的效益空间。

第二节　林业发展战略布局与目标

一、战略布局

（一）总体布局

新世纪林业发展要以天然林资源保护、退耕还林、三北及长江流域等重点防护林体系建设、京津风沙源治理、野生动植物保护及自然保护区建设、重点地区速生丰产用材林基地建设等六大林业工程为框架，构建“点、线、面”结合的全国森林生态网络体系，即以全国城镇绿化区、森林公园和周边自然保护区及典型生态区为“点”，以大江大河、主要山脉、海岸线、主干铁路公路为“线”，以东北内蒙古国有林区，西北、华北北部和东北西部干旱半干旱地区，华北及中原平原地区，南方集体林地区，东南沿海热带林地区，西南高山峡谷地区，青藏高原高寒地区等八大区为“面”，实现森林资源在空间布局上的均衡、合理配置。

（二）区域布局

1. 东北林区

东北林区以实施东北内蒙古重点国有林区天然林保护工程为契机，来促进林区由采伐森林为主向管护森林为主转变，通过休养生息恢复森林植被。

这一地区主要具有原料的指向性（可以来自俄罗斯东部森林），兼有部分市场指向性（可以出售至国外），应重点发展人工用材林，大力发展非国境线上的山区林业和平原林业；应提高林产工业科技水平，减少初级产品产量，提高精深加工产品产量，从而用较少的资源消耗获得较大的经济产出。

2. 西北、华北北部和东北西部干旱半干旱地区

实行以保护为前提、全面治理为主的发展策略。在战略措施上应以实施防沙治沙工程和退耕还林工程为核心，并对现有森林植被实行严格保护。一是在沙源和干旱区全面遏制沙化土地扩展的趋势，特别是要对直接影响京津生态安全的两大沙尘暴多发地区进行重点治理。在沙漠仍在推进的边缘地带，以种植耐旱灌木为主，建立起能遏制沙漠推进的生态屏障。对已经沙化的地区进行大规模的治理，扩大人类的生存空间。对沙漠中人们集居形成的绿洲，在巩固的基础上不断扩大绿洲范围。二是对水土流失严重的黄土高原和黄河中

上游地区、林草交错带上的风沙地等实行大规模退耕还林还草，按照“退耕还林、封山绿化、以粮代赈、个体承包”的思路将退化耕地和风沙地的还林还草和防沙治沙、水土治理紧密结合起来，大力恢复林草植被，以灌草养地。为了考虑农民的长远生计和地区木材等林产品的供应，在林灌草的防护作用下，适当种植用材林和特有经济树种，发展经济果品及其深加工产品。三是对仅存的少量天然林资源实行停伐保护，使国有林场职工逐步分流。

3. 华北及中原平原地区

发展混农林业或种植林业。一方面建立完善的农田防护林网，保护基本耕地；另一方面，由于农田防护林生长迅速，应引导农民科学合理地利用沟渠路旁、农田网带、滩涂进行植树造林，通过集约经营培育平原速生丰产林，从而不断地产出用材，满足木材加工企业的部分需求，实现生态效益和经济效益的双增长。同时，在靠近城市的地区，发展高投入、高产出的种苗花卉业，满足城市发展和人们生活水平的需要。

4. 南方集体林地区

这一地区的主要任务是有效提高森林资源质量，建设优质高效的用材林基地；集约化生产经济林，大力发展水果产业，加大林业产业的经济回收力度。调整森林资源结构和林业产业结构，提高森林综合效益。在策略上首先应搞好分类经营，明确生态公益林和商品林的建设区域。结合退耕还林工程，加快对尚未造林的荒山荒地、陡坡耕地和灌木林的改造，利用先进的营造林技术对难利用的土地进行改造，尽量扩大林业规模，强化森林经营管理，缩短森林资源的培育周期，提高集体林质量和单位面积的木材产量。另外，通过发展集团型林企合成体，对森林资源初级产品进行深加工，提高精深加工产品的产出。

5. 东南沿海热带林地区

主要任务是在保护好热带雨林和沿海红树林资源的前提下，发展具有热带特色的商品林业。在策略上主要实施天然林保护工程、沿海防护林工程和速生丰产用材林基地建设工程。在适宜的山区和丘陵地带大力发展集约化速生丰产用材林、热带地区珍稀树种大径材培育林、热带水果经济林、短伐期工业原料林。

6. 西南高山峡谷地区

主要任务是建设生态公益林，改善生态环境，确保大江大河的生态安全。在发展策略上应以保护天然林、建设江河沿线防护林为重点，以实施天然林保护工程和退耕还林工程为契机，将天然林停伐保护同退耕还林、治理荒山荒地结合进行。在地势平缓、不会形成水土流失的适宜区域发展一些经济林和速生丰产用材林、工业原料林基地；在缺薪少柴的地区发展一些薪炭林，以缓解农村烧柴对植被破坏的压力。同时，大力调整林业产业结构，提高精深加工产品的产出，重点发展人造板材。

7. 青藏高原高寒地区

主要任务是保护高寒高原典型生态系统。应采取全面的严格保护措施，适当辅以治理措施，防止林、灌、草植被退化，增强高寒湿地涵养水源的功能，确保大江大河中下游的生态安全。同时，要加强对野生动物的保护、管理和禁猎执法力度。

（三）依据不同地域林业的主导功能区划布局

1. 构建点、线、面相结合的森林生态网络

良好的生态环境应该建立在布局均衡、结构合理、运行通畅的植被系统的基础之上，森林生态网络是这一系统的主体。当前我国生态环境不良的根本原因是植被系统的不健全，而要改变这种状况的根本措施就是建立一个合理的森林生态网络。

建立合理的森林生态网络时应该充分考虑下述因素：一是森林资源总量要达到一定面积，即要有相应的森林覆盖率。按照科学测算，森林覆盖率至少要达到26%以上。二是要做到合理布局。从生态建设需要和我国国情、林情出发，今后恢复和建设植被的重点区域应该是生态问题突出、有林业用地但又植被稀少的地区，如西部的无林少林地区、大江大河源头及流域、各种道路两侧及城市、平原等。三是提高森林植被的质量，做到林种、树种、林龄及森林与其他植被的结构的搭配合理。四是有效保护好现有的天然森林植被，充分发挥森林天然群落特有的生态效能。从这些要求出发，以林为主，因地制宜，实行乔灌草立体开发，从微观的角度解决环境发展的时间与空间、技术与经济、质量与效益结合的问题。同时点、线、面协调配套，从宏观发展战略的角度，以整个国土生态环境为全局，提出森林生态网络工程总体结构与布局的问题。

“点”指以人口相对密集的中心城市为主体，辐射周围若干城镇所形成的具有一定规模的森林生态网络点状分布区。它包括城市森林公园、城市园林、城市绿地、城郊接合部以及远郊大环境绿化区（森林风景区、自然保护区等）。随着经济的持续高速增长，我国城市化发展趋势加快，尤其是经济比较发达的珠江三角洲、长江三角洲、胶东半岛以及京、津、唐地区，其已经形成了城市走廊（或称城市群）的雏形。因此，以绿色植物为主体的城市生态环境建设已成为我国森林生态网络系统工程建设不可缺少的一个重要组成部分，引起了全社会和有关部门的高度重视。根据国际上对城市森林的研究和我国有关专家的认识，现代城市的总体规划必须以相应规模的绿地比例为基础（国际上通常以城市居民人均绿地面积不少于10平方米作为最低的环境需求标准），同时，按照城市的自然、地理、经济、社会状况、已用城市规划、城市性质等确定城市绿化指标体系，并制定城市

“三废”（废气、废水、废渣）排放以及噪音、粉尘等综合治理措施和专项防护标准。近年来，在国家有关部门提出的建设森林城市、生态城市及园林城市、文明卫生城市的评定标准中，均把绿化达标列为重要依据，表明我国城市建设正逐步进入法制化、标准化、规范化的轨道。

“线”指以我国主要公路、铁路交通干线两侧、主要大江与大河两岸、海岸线以及平原农田生态防护林带（林网）为主体，按不同地区的等级、层次标准以及防护目的和效益指标，在特定条件下，通过不同方式进行结合的乔灌草立体防护林带。这些林带应达到一定规模，并可发挥防风、防沙、防浪、护路、护岸、护堤、护田和抑螺防病等功能。

“面”指以我国林业区划的东北区、西北区、华北区、南方区、西南区、热带区、青藏高原区等为主体，以大江、大河、流域或山脉为核心，根据不同自然状况所形成的森林生态网络系统的块状分布区。它包括西北森林草原生态区、各种类型的野生动植物自然保护区以及正在建设中的全国重点防护林体系工程建设区等，以形成以涵养水源、水土保持、生物多样化、基因保护、防风固沙以及用材等为经营目的、集中连片的生态公益林网络体系。

2. 重点突出环京津生态圈，长江、黄河两大流域，东北、西北和南方三大片

（1）环京津生态圈是首都乃至中国的“形象工程”

在这一生态圈建设中，防沙治沙和涵养水源是两大根本任务。它对降低这一区域的风沙危害、改善水源供给、优化首都生态环境、提升首都国际形象、举办绿色奥运等具有特殊的经济意义和政治意义。这一区域包括北京、天津、河北、内蒙古、山西 5 个省、自治区、直辖市的相关地区。生态治理的主要目标是为首都阻沙源、为京津保水源，并为当地经济发展和人民生活开拓财源。

生态圈建设的总体思路是加强现有植被保护，大力封沙育林育草、植树造林种草，加快退耕还林还草，恢复沙区植被，建设乔灌草相结合的防风固沙体系；综合治理退化草原，实行禁牧舍饲，恢复草原生态和产业功能；搞好水土流失综合治理，合理开发利用水资源，改善北京及周边地区的生态环境；缓解风沙危害，促进北京及周边地区经济和社会的可持续发展。主要任务是造林营林，包括退耕还林、人工造林、封沙育林、飞播造林、种苗基地建设等；治理草地，包括人工种草、飞播牧草、围栏封育、草种基地建设及相关的基础设施建设；建设水利设施，包括建立水源工程、节水灌溉、小流域综合治理等。基于这一区域多处在风沙区、经济欠发达区和靠近京津、有一定融资优势的特点，生态建设应尽可能选择生态与经济结合型的治理模式，视条件发展林果业，培植沙产业，同时，注重发展非公有制林业。

（2）长江和黄河两大流域

主要包括长江及淮河流域的青海、西藏、甘肃、四川、云南、贵州、重庆、陕西、湖北、湖南、江西、安徽、河南、江苏、浙江、山东、上海 17 个省、自治区、直辖市，建设思路是：以长江为主线，以流域水系为单元，以恢复和扩大森林植被为手段，以遏制水土流失、治理石漠化为重点，以改善流域生态环境为目标，建立起多林种、多树种相结合，生态结构稳定和功能完备的防护林体系。主要任务是：开展退耕还林、人工造林、封山（沙）育林、飞播造林及低效林改造等工作。同时，要注重发挥区域优势，发展适销对路和品种优良的经济林业，培植竹产业，大力发展森林旅游业等林业第三产业。

（3）东北片、西北片和南方片

东北片和南方片是我国的传统林区，既是木材和林产品供给的主要基地，又是生态环境建设的重点地区；西北片是我国风沙危害、水土流失的主要区域，是我国生态环境治理的重点和“瓶颈”地区。

东北片肩负商品林生产和生态环境保护的双重重任，总体发展战略是：通过合理划分林业用地结构，加强现有林和天然次生林保护，建设完善的防护体系，防止内蒙古东部沙地东移；通过加强三江平原、松辽平原农田林网建设完善农田防护林体系，综合治理水土流失，减少坡耕面和耕地冲刷；加强森林抚育管理，提高森林质量；合理区划和建设速生丰产林，实现由采伐天然林为主向采伐人工林为主的转变，提高木材及林产品供给能力；加强与俄罗斯东部区域的森林合作开发，强化林业产业，尤其是木材加工业的能力建设；合理利用区位优势和丘陵浅山区的森林景观，发展森林旅游业及林区其他第三产业。

西北片面积广大，地理条件复杂，有风沙区、草原区，还有丘陵、戈壁、高原冻融区等。这里主要的生态问题是水土流失、风沙危害及与此相关的旱涝、沙暴灾害等，治理重点是植树种草，改善生态环境。主要任务是：切实保护好现有的天然生态系统，特别是长江、黄河源头及流域的天然林资源和自然保护区；实施退耕还林，扩大林草植被；大力开展沙区，特别是沙漠边缘区，造林种草，控制荒漠化扩大趋势；有计划地建设农田和草原防护林网；有计划地发展薪炭林，逐步解决农村能源问题；因地制宜地发展经济林果业、沙产业、森林旅游业及林业多种经营业。

二、战略目标

（一）现代林业发展的总体目标

经过多年的不懈努力，到 21 世纪中叶，全国适宜治理的荒漠化土地基本得到了治理，适宜的土地基本完成了绿化，典型森林、湿地与荒漠生态系统和国家重点保护野生动植物种群得到了有效保护，森林覆盖率达到并稳定在了28%以上；全国生态环境明显改善，基本建成了资源丰富、功能完善、效益显著、生态良好的现代林业，满足了国民经济与社会发展对林业的生态、经济和社会的需求，实现了我国林业的可持续发展。

（二）阶段性目标

林业现代化水平明显得到提升，生态环境总体得到改善，生态安全屏障基本形成。森林覆盖率达到23.04%，森林蓄积量达到165亿立方米，每公顷森林蓄积量达到95立方米，乡村绿化覆盖率达到30%，林业科技贡献率达到55%，主要造林树种良种使用率达到70%，湿地面积不低于8亿亩，新增沙化土地治理面积1 000万公顷，国有林区、国有林场改革和国家公园体制试点基本完成。

力争到2035年，初步实现林业现代化，生态状况根本好转，美丽中国目标基本实现。森林覆盖率达到26%，森林蓄积量达到210亿立方米，每公顷森林蓄积量达到105立方米，乡村绿化覆盖率达到38%，林业科技贡献率达到65%，主要造林树种良种使用率达到85%，湿地面积达到8.3亿亩，75%以上的可治理沙化土地得到治理。

力争到21世纪中叶，全面实现林业现代化，迈入林业发达国家行列，生态文明全面提升，实现人与自然的和谐共生。森林覆盖率达到世界平均水平，森林蓄积量达到265亿立方米，每公顷森林蓄积量达到120立方米，乡村绿化覆盖率达到43%，林业科技贡献率达到72%，主要造林树种良种使用率达到100%，湿地生态系统质量全面提升，可治理沙化土地得到全面治理。

（三）现代林业发展主要指标体系

按照代表性强、灵敏度高、可测度好等原则，本次选用了森林覆盖率、林地生产率、林业增加值增长率和科技贡献率等度量指标来衡量林业的发展程度。

1. 森林覆盖率

森林覆盖率是反映一个国家或地区森林覆盖程度的重要指标。森林覆盖率的大小在很大程度上可以说明当地林业发展状况和森林效益的大小，是一个综合性指标。由于“经济林”包括乔木经济林和灌木经济林，因此，实际上还包括了部分灌木林地，但没有包括起防护作用的灌木林地以及农田林网、四旁树的折合面积。如果考虑到国家特别规定的灌木林地面积，则森林覆盖率大约可达23%。关于森林覆盖率的增长潜力，根据当前土地利用现状和生态环境建设进行要求，在21世纪内森林覆盖率将会呈逐年增长方式，增长潜力主要来自提高林地利用率、退耕还林、工矿废弃地复垦绿化、未利用地的开发利用、城市绿化、林地流失减少等几方面。

2. 林地生产率

林地生长潜力分析：根据对影响林分单位面积蓄积量因素的分析，从宏观上确定林地生长潜力（林分单位面积蓄积量）时需要考虑以下因素：

（1）林分面积按年龄或龄级均匀分布

虽然林分年龄越大，林分单位面积蓄积量就越高，但在实际林分生产工作中，为了实现可持续发展，通常应维持林分面积按年龄或龄级进行均匀分布。为计算方便，可假定幼龄林、中龄林、近熟林、成熟林和过熟林的龄级分别为 2、1、1、2、1 个。

（2）林分平均郁闭度为 0.7

根据森林经营理论，无论是商品林还是生态公益林，林分密度过稀或过密都不利于林地生产潜力和森林生态效益的充分发挥，0.7 的郁闭度是一个比较适宜的林分密度。目前全国林分郁闭度为 0.54，经过森林集约经营，采取适宜的经营措施，0.7 的郁闭度是可以达到的。

（3）人工林良种率达到 80%

目前，我国主要人工造林树种的林木良种率只有 20%。从我国当前的林木良种化发展状况和世界林业发达国家的林木良种率看，使我国主要树种的林木良种率达到 80%是能够实现的。

（4）80%的商品林将采用集约经营措施

随着我国林业分类经营的实施、速生丰产用材林基地的建设，商品林的经营集约度将越来越高。最终 100%的人工商品林将实现集约经营，60%的天然商品林将实现集约经营，商品林的集约经营面积将达到总面积的 80%。

（5）各区各阶段林地生产潜力

根据林地生产潜力现状和影响因素确定各区林地生产潜力（以林分单位面积蓄积量表示），林地生产潜力约为林分单位面积蓄积量的 150%，目前我国林地生产力还远没有得到充分的发挥。

3. 林业增加值增长率

林业产业由资源培育业、木材生产和加工业、林化工业以及其他辅助产业构成。可按照可持续发展、林业产业结构高度化、产业布局合理化的原则来调整林业产业结构。林业产业调整方向为：

（1）加强第一产业基础地位

为加速国土绿化和给第二产业的发展提供充足的原料，保证林业产业持续发展，必须加强资源培育业。在分类经营的基础上，加速重点防护林的建设，选择地理位置好、立地条件好的地方，发展高效、优质的丰产林基地，进行定向培育，满足工业原材料的需要。

（2）提高第二产业素质

以森林资源为依托，大力发展林产工业，特别是要发展木材加工、人造板、制浆造纸、松香、家具等支柱产业。依靠科技进步，采用先进技术、设备、工艺，大力发展以人工速生材、小径材、低质材等为原料的纤维板、刨花板、制浆造纸；限制只能依靠天然林大径材为原料的胶合板业和锯材业的重复建设，适当减少生产规模，重点放在创造高附加值上，充分利用稀缺资源；尽快改变我国制浆造纸结构严重失调的局面，逐渐提高木浆的比重，优先发展木浆造纸工业；稳定松香产量，改进生产方式，提高科技含量；家具业重点发展以人造板为原材料的中低档家具，适当生产高档的实木家具。

（3）大力发展第三产业

面向第一产业和第二产业，加快科技成果的转化，加快技术推广步伐，建立完善的技术、信息咨询服务体系和市场化的产学研结合的研发体系。

①林产品结构调整方向

提高以人工速生材、小径材、低质材等为原料的产品比重，降低以天然林为原料的产品比重；普遍提高产品的科技含量和质量，除了家具业外，逐渐提高高档产品的比重；大力发展深加工产品和精加工产品，降低初级产品消费和出口的比重；根据市场需求开发新产品，改进旧产品，特别是利用建筑业成为经济增长点的有利时机，借鉴国外经验，积极开拓建筑业和装饰业市场。

②林业生产组织结构的调整方向

林业生产组织结构主要包括林业生产布局和经济规模结构。调整方向是加大原有企业技术改造力度，压缩城市林产品生产比重，提高林区林产品生产比重；淘汰规模小、资源利用率低、污染严重的企业，发展规模经济型企业；胶合板、锯材生产重点放在东北内蒙古国有林区和能进口大径材的少数沿海地区；纤维板和刨花板生产重点放在东北、西南、南方以及中东部森林资源相对集中地区；林化工业的重点放在西南、南方；木浆造纸业的重点放在东北内蒙古和南方地区。

4. 科技贡献率

到 2035 年，科技进步对林业经济增长的贡献率达到 65%，到 21 世纪中叶，科技进步对林业经济增长的贡献率达到 72%以上。

到2035年，人工造林良种率达到85%，到21世纪中叶人工造林基本实现良种化。

三、战略途径

中国是最大的发展中国家，一方面，人口、资源、环境的现状决定了林业建设的任务将是长期而又十分艰巨的；另一方面，经济社会发展对林业的迫切需求又不允许我国再继续走世界多数发展中国家生态环境先破坏、后治理，边破坏、边治理的老路。

中国林业要走上可持续发展道路，其战略途径是：以六大林业工程为载体，以科技创新为先导，以体制改革为动力，推动林业跨越式发展，使之从以木材生产为主跨入以生态建设为主的新阶段。我国的生态环境由目前的局部治理、整体恶化转向生态稳定、良性发展，林业经济增长方式由目前的粗放、低效、高耗转向集约、高效、低耗，林业科学技术由目前的落后技术转向高新技术，最终实现中国林业的可持续发展。

第三节　林业发展战略的实施建议

一、建设生态发展的重要指标

（一）将生态建设指标列为国民经济和社会发展的重要指标

自然资源是经济发展的基础，资源的丰度和组合配置质量水平是国家实力和素质的体现。经济决策对生态环境的影响极大，尤其在长江、黄河上中游地区以及荒漠化治理区等生态脆弱的地区，生态环境建设是国家的第一需求，是当地经济和社会发展的前提条件。森林生态产品及服务是重要的公共产品。在市场经济体制下，要积极加强森林生态价值（效益、成本）评估与核算指标体系建设，创造条件把森林生态资产的保值增值纳入国民经济核算体系。培育生态服务市场，推动生态效益货币化、资产化。进一步完善现行的森林生态效益补偿制度，逐步建立生态税收机制，建立起森林生态产品及服务投入产出的良性循环机制。在全国，尤其是西部重点生态地区，根据不同的植被建设结构，分别制定不同区域、不同类别的生态建设指标，将生态建设指标列为国民经济社会发展的重要指标。

（二）从宏观管理入手，逐步建立资源开发生态环境影响评价制度

矿产资源开发、旅游资源开发以及进行各种基本建设等征占用林地时必须履行资源开发生态环境影响评价制度。破除落后的工业经济增长方式，按照生态文明社会的标准对生

产、交换、消费进行渐进性的、区域性的彻底改造。从产品设计到产业结构和产业发展都要按照生态保护和生态平衡的要求进行，利润最大化的经济标准应该服从社会的生态标准，以生态优先、资源的可持续经营利用来保障经济的可持续发展，实现生态现代化和经济发展、社会发展的统一。

二、建立林业建设的投入机制

根据林业的公益性特征，国家应加大对林业的支持力度，将国家生态建设纳入公共财政预算，设立专项资金，确保国家重点林业工程、林业科研、技术推广、资源管理、生态移民投入的长期稳定。按照事权、财权划分的原则明确各级政府在生态环境建设中的责任和义务，分别实行全额支付和补助支付、直接支付和转移支付等不同的公共财政支持方式。

根据我国东部地区与西部地区的不平衡现状，实行差别扶持方式，保证西部林业生态建设的顺利进行。

积极吸引社会力量投资林业。运用市场手段履行全民义务植树的责任，积极开拓筹集社会资金的渠道；加大森林生态效益补偿基金补偿的力度；加大信贷投入，延长贷款年限，调整国家的债务结构，设立中长期专项债券支持林业，对于没有收益或亏损的公益林经营管理，应主要由财政拨款解决，还可通过发行20~30年期的国债进行解决；对于微利林业企业，应由国家开发银行发放财政贴息贷款，也可通过发行贴息企业债券予以支持；稳定以工代赈、以粮换林政策的支持年限；商品林建设逐步形成以市场融资为主、政府适当扶持的投入机制；采取优惠政策，鼓励广大农民、企业和社会各界投资发展林业，应允许自然人发起筹集股本，商业银行根据贷款原则，对筹集到的股本予以贷款；开通商业资金进入林业的渠道，使商品林建设成为具有比较优势的投资领域，使务林者有利可图。

三、对林业实行轻税赋政策

本着公平税赋，让利于民的原则，确立合理的林业税基、税目和税率。整顿税制和乱收费问题，把切实减轻林农和林业企业的税费负担作为政府税费改革的重要内容。调减林产品的农业特产税，同时加大对经济贫困地区中央财政转移支付的力度。国内外企业以税前利润投资造林，国家免征所得税。改革育林基金制度，根据林业发展战略需要，调整和完善林业税收政策。

四、改革森林资源管理体制

（一）改革重点国有林区管理体制

抓住国家实施天然林资源保护工程，林业由以木材生产为主向以生态建设为主的这一重大战略转移的历史机遇，加速推进重点国有林区的管理体制改革。

在重点国有林区，要创造条件推进政府与企业分离；实行森林资源国家所有，中央和省（自治区）两级代表国家履行出资人职责，享有所有者权益，权利、义务和责任相统一，管资产、管人、管事相结合的管理体制，建立国家林业行政主管部门、国有森林资源管理机构、林业企业“三权分离”的制衡机制。国家林业行政主管部门行使对森林资源的规划、调控、执法监管，授权国有森林资源管理机构负责森林资产运营。林业企业不再承担对森林资源的行政管理，并将社会管理职能移交给地方政府，成为完全的市场主体，与国有森林资源管理机构建立市场化契约关系，确保森林资源的可持续经营。加速林区产业结构调整，完善社会保障制度，实现森工企业改制转型。

（二）改革现行森林资源管理制度

将森林资源管理的重点转移到森林资源配置宏观战略规划，提出合理的森林资源空间布局；建立和完善全国森林灾害监测、荒漠化动态监测等监测体系及预警制度；健全森林资源调查评价技术体系；健全森林可持续经营的标准和指标体系、林产品贸易森林认证体系；提高资源管理的现代化水平和资源配置的市场化水平，建立起林业经营者自身利益与森林资源消长平衡相一致的健康有序的运行机制；处理好森林资源保护发展与合理利用的辩证关系，开创在保护中恢复，在恢复中建设，在建设中发展，在发展中利用的可持续经营道路。

推进林业分类经营，管好公益林，放活商品林。改革商品林采伐限额管理制度，从财产权利的治理出发，维护经营者的自主权。不断简化商品林的采伐管理程序，逐步实行备案制。

五、大力发展非公有制林业

推进制度创新，最广泛、最充分地调动一切积极因素，开创多种所有制经济成分共同建设、共同发展的政策环境，追求公正和共同富裕的、法制的林业经营体制。对非公有制林业，要加大政策扶持力度、依法保护力度和科技支撑力度。运用物质利益原则，把林业发展和林业建设者的切身利益最紧密地结合在一起，创造宽松的发展空间，促使国内外资本、技术和劳动力等要素在市场资源配置中流向林业。公益林建设以国家投入为主，确保重点生态保护区公益林封禁严管。一般公益林的建设和管护要积极探索与市场经济体制相适应的有效方式，实行国有民营、国有民养、民有民营，生态效益和经济效益相结合的措施，降低公益林的建设和管护成本，提高经营效益。商品林实行市场为主的配置资源，政府给予必要的扶持。商品林建设要放手发展非公有制林业，培育和规范活立木市场。

在推进林业产业化过程中，政府要大力扶持、培养农民自发组织的各类专业合作社和专业协会，建立会员制度，发挥其中介作用。利用退耕还林和农业结构战略性调整的有利时机，通过承包、租赁、股份合作等多种形式，推行“公司加农户”，大力扶持发展规模化、集约化、产业化、市场化、组织化程度起点高的民营林业，把千家万户的农民与大市场连在一起。

对于地处边远偏僻、生态环境脆弱地区的大面积集中连片的宜林荒山、荒地、荒滩、荒沙，可以由国家统一规划，集中投资建设。打破行政区划和所有制界限，通过市场化工程招标承包方式，选择专业造林队伍，集中力量、集中时间、集中连片，大规模地植树造林种草。乡村农民林业合作社或林业协会，部队或农垦建设兵团，企业、林场、造林公司均可参与。工程结束后，造林地或由当地政府林业主管部门按照就近集中管护的原则交由当地国有林场、自然保护区或乡村林场管护，也可以依法有偿流转，还可以采取异地投资，委托中介造林、管护经营，让投资者依法拥有林地的使用权和森林、林木的所有权。发挥资源比较优势，培育和扶持生态友好、市场前景乐观的新的经济增长点，把人员转化为参与林业建设的人力资源。

六、深化林地产权制度改革

进一步深化林地产权制度改革，以林地使用权物权化为方向，稳定所有权，完善承包权，放活经营权，保护经营者的合法权益，使其享有相应的林产品处置权和受益权。把农村林业经济纳入社会主义市场经济的轨道，尊重农户的市场主体地位，推动经营体制创新。把改善农民生存环境和经济条件作为发展农村林业的根本目的，把最大限度地调动农民参与林业建设的积极性作为制定政策的出发点，尊重农民的经营自主权和财产保有权，从法律上保障产权主体对其权益的预期稳定化。坚持依法、自愿、有偿的原则，完善森林、林木、林地使用权依法流转制度。放宽放活宜林荒山、荒地、荒滩、荒沙的使用权，让愿意造林并能够造林者有用武之地，对不同经济成分的林业经营者的合法权益实行同等政策待遇和法律保障。

七、实行积极的生态移民政策

为了缓解人口对资源和环境的压力，对于国家重点自然保护区和因植被破坏、当地居民丧失基本生存条件的生态极度脆弱区，政府应设立财政专项资金，实行积极的生态移民政策，使这些区域通过封禁保护，恢复植被，休养生息，生物多样性得到保护，生态环境得到改善。

政府将生态移民作为西部生态保护建设的配套工程来运作。生态移民易地安置方式要与小城镇建设、生态治理、实业脱贫有机地结合起来。建立移民新区，对农、林、牧，水、路、电等基础设施建设工程要进行通盘规划，妥善解决移民的生产、生活安置问题，同时通过生态治理者享有优先权等土地使用权政策，激励农民取得保护森林资源、加强治沙力量、推进脱贫致富、不断扩展绿洲等多种效益。

采用新的生产方式培育新的经济增长点是生态移民项目获得成功的关键所在。要立足长远，加强农民学习非农产业技能的培训，以提高他们获取非农就业机会的能力。在条件成熟的前提下，可以优化资源配置为原则，依据自然条件、区域经济实力发展和资源分布，以县级市为中心，归并生态环境恶劣、人口稀少的乡镇。将生态移民与城镇生态建设相结合，集中力量加速资源基础、地域经济、物流条件、人文环境相对优越的中小城镇建设。

八、加强林业社会化服务体系建设

以服务性、公益性为主旨，转变政府职能。改进管理方式，减少行政指令、简化行政审批程序，全面推行依法行政。从机构、职能和技术配置上加强社会化服务体系建设，“变堵为疏”“以为创位”，筑造政府与林业经营者之间的桥梁。充分发挥好政府的调控、指导和服务作用，群众的建设主体作用，市场的资源配置作用，科技的支撑作用，政策的激励作用和法制的规范作用。在推进林业产业化进程中，政府要大力扶持、培养农民自发组织的各类专业合作社和专业协会，建立会员制度，发挥其中介作用。采取多种形式加强基层林业政策、法律、法规和科技培训等普及教育，提高林业人力资源的整体素质，造就能够运用现代林业科技与管理方法、懂得以法律保障自身权益的现代林业建设群体。

九、转换农村生物能源利用方式

农村能源问题不解决，森林资源恢复和保护就难以实现。采取政府财政专项扶持和技术支持政策，大力研发和推广高效、节能、价廉、易于操作的实用型生物能源（薪炭林、沼气）和自然能源（太阳能、风能、小水电）等农村能源建设。对国家级贫困县，在适当发展一些能兼顾生态目标和烧柴需要的速生、萌生的薪炭林，在解决现实问题的同时，要以专项投资，无偿帮助农民解决自然能源等基础设施建设问题。逐步转换能源利用方式，降低农民日常生活对森林资源的压力，要确保退耕还林后能成林、成材（财）。

十、建立与林业发展相适应的体制

当前我国林业建设的指导思想已由以木材生产为主转向了以生态建设为主，林业行政管理部门也随之由专业经济管理部门转为了执法监管、公共服务、宏观调控的部门。在社会主义市场经济条件下，林业承担的生态建设和促进发展的双重使命决定了政府要进一步强化与林业建设任务和管理职能相适应的机构建设，并将其纳入政府序列，以保障政府对森林资源的统一监督管理，完成艰巨的生态建设任务。同时，要进一步加强林业法制建设，加强林业专项立法，严格执法监管，增强普法实效，为林业健康发展提供法律服务与保障。提高林业行政效率，降低行政成本，形成行为规范，运转协调、公正透明、廉洁高效的行政管理体制。

第四节　林业的生态环境建设发展战略

一、林业生态环境建设发展战略实施的过程及要点

（一）林业生态环境建设发展战略实施的过程

1. 林业生态环境建设发展战略的发动

以生态环境建设为主体的大经营、大流通、大财经的三位一体的林业发展战略体现了全民、全社会、全方位保护、发展、利用森林资源，改善生态环境，促进经济发展的强烈意志和愿望。该战略的实施过程首先是一个全民、全社会的动员过程，是具有中国特色的“群众运动”。要搞好新战略的宣传教育和培训，使全民、全社会对此有充分的认识和理解，帮助他们认清形势，看到传统林业发展的弊病，看到新林业发展战略的美好前景，切实增强实施新林业发展战略的紧迫感和责任感。要用林业发展战略的新思想、新观念、新知识，改变传统的思维方式、生产方式、消费方式，克服不利于林业发展战略实施的旧观念、旧思想，从整体上转变全民、全社会的传统观念和行为方式，调动起他们为实现林业发展战略的美好蓝图而努力奋斗的积极性和主动性。搞好发动是林业发展战略实施的首要环节。

2. 林业生态环境建设发展战略的规划

林业生态环境建设发展战略规划是将林业视为一个整体，为实现林业发展战略目标而制订的长期计划，这是林业发展战略实施的重要一环。林业发展战略总体上可以分解成几个相对独立的部分来加以实施。即两大产业体系（林业生态体系和林业产业体系）；两大工程（天然林保护工程、人工林基地建设工程）；三大经营管理体系（大经营、大流通、大财经）；五大区域（林区、农牧区、工矿区、城镇区、荒漠沙区）。每个部分都有各自的战略目标、相应的政策措施、策略及方针等。为了更好地实施新林业发展战略，必须制订战略规划。新林业发展战略的规划是进行战略管理、联系和协调总体战略和分部战略的基本依据；是防止林业生产经营活动发生不确定性事件，把风险减少到最低限度的有效手段；是减少森林资源浪费、提高其综合效益的科学方法；是对新林业发展战略的实施过程进行控制的基本依据。

3. 林业生态环境建设发展战略的落实

林业发展战略落实是该战略制定后的重要工作。离开了战略落实，战略制定只能是“纸上谈兵”，所确定的战略目标根本无法实现，而离开了战略目标，战略落实也会失去方向，陷入盲目性，严重的会影响到林业的可持续发展。林业生态环境建设发展战略的落实应当包括：建立组织机构、建立计划体系、建立控制系统、建立信息系统。

4. 林业生态环境建设发展战略的检查与评估

林业发展战略拟解决战略的系统结构、各子系统战略间的联系与协同，战略目标动态体系或动态战略目标集等关键问题，这些问题是复杂多变的，只有在林业生态环境建设发展战略的实施过程中加强对执行战略过程的控制与评价，才能适应复杂多变的环境，完成各阶段的战略任务。

（二）实施林业生态环境建设发展战略的要点

1. 核心问题是发展林业，关键问题是以生态环境建设为主体

林业生态环境建设发展战略运用发展才是硬道理的理论，把加快林业发展作为战略的核心。如何发展林业，必须根据国情、林情，制订出切实可行、行之有效的方案、步骤和措施，而突出以生态环境建设为主体则是林业发展战略实施的显著特色。

2. 应将人口、资源、环境和社会、经济、科技的发展作为一个统一的整体

中国庞大的人口基数和每时每刻新增的大量人口给经济、社会、资源和环境带来了越来越大的压力，这是新林业发展战略实施必须面对的问题。要通过坚持大力发展教育，提高人口质量，妥善解决好这一问题，使人口压力变为新林业发展战略实施的人力资源优

势。新林业发展战略的实施不仅要注意到经济、社会、资源、环境的相互关系与相互影响，还要充分考虑到如何在经济和社会发展过程中利用科技力量很好地解决对资源和环境的影响等问题。

3. 应从立法、机制、教育、科技和公众参与等诸多方面制订系统方案和采取综合措施

加快社会经济领域有关林业的立法，完善森林资源和环境保护的法律体系；加快体制改革，调整政府职能，建立有利于林业发展的综合决策机制、协调管理运行机制和信息反馈机制；优化教育结构，提高教育水平，加大科技投入，推广科研成果，创造条件鼓励公众参与新林业发展战略的实施，这些都是不容忽视的重大问题。

二、林业生态环境建设发展战略实施的原则和内容

（一）林业生态环境建设发展战略实施的原则

1. 坚定方向原则

林业生态环境建设发展战略所要实现的战略目标是使我国林业建设以生态环境建设为主体，建立起比较完备的林业生态体系和比较发达的林业产业体系，真正发挥林业在生态环境建设中的主体作用进而有效改善生态环境。这是全局的、长远的发展思路和最终目标，为我国林业发展指明了方向。必须坚定这个方向，增强实施林业战略的信心，不能由于实施过程中局部出现的暂时困难而动摇实施林业生态环境建设发展战略的决心。只要暂时的、局部性的问题还处于允许的范围之内，就应当坚定不移地继续按林业生态环境建设发展战略的既定方针办。

2. 保持弹性原则

林业生态环境建设发展战略的实施涉及全民、全社会，需要长期实施。因此，不但要求新战略的目标具体化，而且必须有严密的战略实施计划和步骤。但是，由于林业生产经营环境多变，影响林业生态环境建设发展战略实施的因素十分复杂，所以实施计划应当是有弹性的，允许有一定的灵活性和调整余地，这会使周密的实施计划经过必要及时的调整，更加符合林业发展实际，更好地实现林业生态环境建设发展战略的目标。

3. 突出重点原则

林业生态环境建设发展战略的实施事关林业发展全局，它所面临的问题和要解决的事情非常之多，也非常复杂。在新战略实施过程中，如果事无巨细，不分主次，结果往往会事倍功半。只有突出重点，抓住对全局有重大影响的问题和事件，才能取得事半功倍之效果，实现预期的整体战略目标。

4. 经济合理原则

林业生态环境建设发展战略是一项复杂的系统工程，需要投入大量的人力、物力和财力。在保证实现新战略目标的前提下，要节约各项费用开支，降低实施成本，这也是林业生态环境建设发展战略实施过程中应遵循的一个重要原则。

（二）林业生态环境建设发展战略实施的内容

1. 建立组织系统

林业生态环境建设发展战略是通过组织来实施的。组织系统是组织意识和组织机制赖以存在的基础。为了实施林业生态环境建设发展战略，必须建立相应的组织系统。建立的基本原则是组织系统要服从新战略，其是为新战略服务的，是实施林业生态环境建设发展战略并实现预期目标的组织保证。

建立组织系统要根据林业生态环境建设发展战略实施的需要，选择最佳的组织系统。系统内部层次的划分，各个单位权责的界定、管理的范围等，必须符合林业生态环境建设发展战略的要求。要求各层次、各单位、各类人员之间联系渠道要畅通，信息传递要快捷、有效，整体协调好、综合效率高。

2. 建立计划系统

林业生态环境建设发展战略实施计划是一个系统。系统中各类计划按计划的期限长短可分为长期计划、中期计划和短期计划；按计划的对象可分为单项计划和综合计划；按计划的作用可分为进入计划、撤退计划和应急计划。上述种种计划，在林业生态环境建设发展战略实施中都要有所体现。在建立林业生态环境建设发展战略实施计划系统中，定要明确战略实施目标、方案，确定各阶段的任务及策略，明确资源分配及资金预算。建立计划系统是一个复杂过程，只有认真地建好这一系统，才能保证战略的有效实施。

3. 建立控制系统

为了确保林业生态环境建设发展战略的顺利实施，必须对战略实施的全过程进行及时、有效的监控。控制系统的功能就是监督战略实施的进程，将实际成效与预定的目标或标准相比较，找出偏差，分析原因，采取措施。建立控制系统是林业生态环境建设发展战略实施的必然要求。因为在林业生态环境建设发展战略实施过程中，其所受的自然、社会因素影响非常复杂，使战略实施的实际情况与原来的设计与计划存在着种种差异，甚至是很大的差异。如果对这种情况没有进行及时的跟踪监测和评价分析，而是在发现偏差后才采取相应的对策，林业生态环境建设发展战略的实施将会无法保证。

4. 建立信息系统

林业生态环境建设发展战略实施的全过程都离不开信息系统的支持。在林业生态环境建设发展战略实施的每一个环节，每一个行动都必须以信息作为基础，否则就会如同“盲人骑瞎马”一样，无法把握好方向。同时在新战略实施的过程中，每一个方面都会产生出相应的信息，如果不能及时地反馈这些信息，不做出科学的分析和正确判断，及时采取有效的措施，那么想使战略的实施始终保持最佳的状态是不可能的。

三、林业生态环境建设发展战略实施的环境和框架

（一）林业生态环境建设发展战略实施的环境

1. 林业生态环境建设发展战略实施的社会政治环境

林业生态环境建设发展战略实施的社会政治环境是指以生态环境建设为主体的林业发展的社会政治因素，以及对森林的价值取向和由此引发的因素，个人对生态林业发展的态度，以及政府对林业发展的制度设计。人口数量不断增长，人民生活水平不断提高，人类对各类林产品及森林生态系统的环境服务需求也在不断扩大，这不仅要求林业提供越来越多的林产品，还要求林业对退化的生态系统进行改造、重建，维持森林生态系统的完整性。社会政治环境正是通过上述影响来促进林业的不断发展的。林业生态环境建设发展战略突出的问题是以生态环境建设为主体以及林业生态环境建设发展战略的实施，其需要与社会政治环境相协调，取得政府和公众的积极支持和参与，使以生态环境建设为主体的林业发展战略有一个适宜的、良好的外部环境。

2. 林业生态环境建设发展战略实施的经济技术环境

林业生态环境建设发展战略实施的经济技术环境是指林业生态环境建设发展战略实施过程中所依赖的经济条件与技术体系所构成的综合环境。从经济方面考虑，林业的地位和作用取决于国民经济发展水平，较低的经济发展水平和综合国力自然要求林业侧重发挥经济功能。没有坚实的经济基础，实施以生态环境建设为主体的林业发展战略就会有很大的难度。根据目前我国林业发展的形势，要想优先突出生态环境的建设，就必然需要巨额的资金作为保证。近年来，由于我国经济发展比较稳定，十大林业生态体系建设工程陆续付诸实施。从技术方面来看，林业科学技术的发展，不仅可以提高林业生产力，还可以极大地提高林业综合开发能力，促进生态功能的发挥。因此，建立以生物工程技术为基础的育林技术体系，以森林生态系统经营为核心的现代林业管理决策体系，以及以林产品深加工为主的利用技术系统对于促进林业生态环境建设发展战略的实施具有特殊重要的意义。

（二）林业生态环境建设发展战略的实施框架

1. 林业生态环境建设战略实施的三个层次

从总体上看，林业生态环境建设发展战略的实施按层次表现可分为三个层次。

（1）中央政府（国家）是实施的主导

中央政府对新战略实施要发挥综合引导和多方协调的作用。为此，国务院应成立专门的领导小组，成员由国务院有关部、委、办、局组成，下设领导小组办公室。林业生态环境建设发展战略实施工作受领导小组的直接领导。战略实施过程中有关具体事项由领导小组办公室具体组织。

（2）地方政府是林业生态环境建设发展战略实施的关键

实施林业生态环境建设发展战略的重点在地方，地方政府要充分考虑本地区的实际情况，针对本地区社会、经济、人口、资源、环境等具体情况，制订具体的可操作的行动计划。同时，地方政府也要成立类似国家实施新战略的专门领导小组和办公室，有的地方还可以突出实施新战略中的优势项目，建立项目领导协调小组。地方政府在实施林业生态环境建设发展战略过程中，要根据战略总目标结合本地区实际特点，负责编制当地的发展规划，筛选地方的优势项目，并将其纳入地方政府和社会经济发展计划，培训林业生态环境建设发展战略实施的专业技术人员，做好地区内外的信息交流。

（3）社区、企业和团体是林业生态环境建设发展战略实施的主体

实施林业生态环境建设发展战略时，要充分认识到社区和企业所起的重要作用，也要充分认识到公众和社团参与的重要性。只有如此才能体现出全民、全社会、全方位的以生态环境建设为主体的林业建设，才能实现林业生态环境建设发展战略各阶段的各项目标。

2. 林业生态环境建设战略实施的四个方面

从宏观上看，林业生态环境建设发展战略实施主要有以下四个方面。

（1）将林业生态环境建设发展战略实施的基本内容系统地体现在各级政府的国民经济和社会发展规划和计划之中

国民经济计划是各级政府进行宏观调控的主要手段，必然也是推动新林业发展战略实施的基本措施。在全国林业规划的基础上，国家有关部门和各地区也要分别制订本部门、本行业、本地区实施新林业发展战略的行动计划或战略安排，并将其纳入各有关部门和各地区的发展规划和计划中，以保证林业生态环境建设发展战略的实施有条不紊、富有实效。

（2）加强有关林业生态环境建设发展战略实施的立法工作

全国人大和国务院在制定新的法律法规的同时，修订了大量的法律、法规。这些法律

法规大都将社会和经济的可持续发展作为立法的基本原则，并将资源（以森林资源为主）和环境（以生态环境为主）保护等作为具体条款。不断补充、修订、充实、完善与以生态环境建设为主体的新林业发展战略相关联的法律法规，不断健全执法机构，加大行政执法力度，加强社会和公众的监督，对林业生态环境建设发展战略的实施将起着积极的推动作用。

（3）加强林业生态环境建设发展战略的宣传和教育，促进公众参与

实施林业生态环境建设发展战略，各级政府和有关部门要举办各种类型的培训班，提高认识，中小学教材中应增加爱林护林、保护生态环境的内容，大专院校、科研院所应开展生态、环保方面的科学研究，新闻媒体应展开一系列的与林业生态环境建设发展战略相关的宣传活动。诸如：全国绿化日、水日、气象日、卫生日等。这些活动的开展对于提高全民、全社会的生态意识和造林绿化意识，促进公众参与实施林业生态环境建设发展战略有非常重要的意义。

（4）寻求实施林业生态环境建设发展战略的国际合作，建立示范项目

为了利用国际社会在生态林业领域中的先进经验和技术，更好地指导我国林业生态环境建设发展战略的实施；派出去，请进来，积极寻求国际合作，进而建立一批示范项目，这对于加快林业生态环境建设发展战略的实施具有重要作用。

四、林业生态环境建设发展战略的调控系统

（一）中央政府综合部门调控系统

该调控系统主要由国家发展和改革委员会、财政部、税务总局、生态环境部、商务部、国家开发银行等综合部门组成。其调控的主要内容如下：

加强协调林业生态环境建设发展战略中生态环境建设与林业产业建设及国民经济其他相关部门之间的关系；组织落实对林业生态环境建设发展战略实施的保护和支持，如增加对林业的财政投入、建立国家林业基金制度、实行林业政策性贷款、减免林业税收、落实对生态林业建设方面的援助，稳定国家对林业的扶持等；制定和完善与新林业发展战略实施有关的法律法规，使林业法律法规具体实际，可操作性强；调动与协调全社会办生态林业、全民搞生态建设，体现社会主义市场经济条件下林业生态环境建设发展战略的实施特色。该调控体系的宗旨是着力解决林业市场失灵和林业的天然弱质性等问题，从而体现国家对生态林业建设的支持和保护的机制与林业外部效益的补偿制度，引导以生态环境建设为主体的林业发展战略的顺利实施。

（二）林业主管部门调控系统

该调控系统的具体机构是国家林业和草原局，其调控的主要职责是在中央政府综合部门的指导支持下，具体制订全国范围内林业生态环境建设发展战略实施方案，并负责全国性的生态环境建设和林业产业方面的协调与管理。其调控的主要内容如下。

根据中央政府赋予的职能和权力，修订和完善林业生态建设和产业发展的相关政策，加速改变林业基础薄弱、发展滞后的局面。强化必要的行政管理职能，坚持全党动员、全民动手、全社会办林业，全民搞绿化，改善生态环境的行政领导责任制。

搞好“天保”工程，继续实行并合理调整森林资源采伐限额、强制更新与退耕还林的管理规定。严格征占用林地的审批制度和补偿制度，切实做好森林和野生动植物的保护工作。根据国家总的发展战略，林业主管部门要全面制订和实施林业生态环境建设发展战略的中长期规划，用以指导实践；制定科学的林业产业政策，引导林业经济主体的经营活动和市场机制的运行，防止市场调节的盲目性、滞后性给林业生态环境建设发展战略造成的不利影响。

（三）地方政府调控系统

实施林业生态环境建设发展战略，地方政府具有特殊的作用。其调控的主要内容如下：

强化地方政府对实施林业生态环境建设发展战略的指导职能，促进区域林业经济的全面发展。我国地域辽阔，情况复杂，地方政府的计划指导、法律约束和行政管理具有直接性和针对性，对实施林业生态环境建设发展战略具有重要作用。地方政府不仅要贯彻中央政府和林业主管部门的总体意图，还要结合本地的具体情况，实施更为具体、有的放矢的指导，使其权力与实施林业生态环境建设发展战略的全过程相联系，将地方政府的指导工作落到实处。

贯彻造林绿化和保护生态环境的地方政府行政领导目标责任制，大力发展林业社会化服务体系，促进林业生态环境建设发展战略的顺利实施。增加林业生态建设的投入，加快林业生态环境建设发展战略的实施步伐。依照国家对生态环境建设的有关规定，地方政府有条件，也有义务尽可能地增加对实施林业生态环境建设发展战略的投入。一方面，地方政府应集中必要的财力、物力对林业基础设施进行建设改造；另一方面，通过政府的职能和作用引导社会各界和公众增加对生态环境建设的投入，确保林业生态环境建设发展战略的实现。切实保护林业生产单位和林农的合法利益，解决好林区企事业单位的社会负担和林农经济负担重的问题，调动起他们实施林业生态环境建设发展战略的积极性和主动性。

第四章 园林绿化组成要素的规划设计

第一节　园林地形规划设计

一、园林地形的形式

（一）按地形的形态特征分类

1. 平坦地形

平坦地形是园林中坡度比较平缓的用地，坡度介于1%～7%。平坦地形在视觉上空旷、宽阔，视线遥远，景物不被遮挡，具有强烈的视觉连续性；平坦地面能与水平造型互相协调，使其很自然地同外部环境相吻合，并与地面垂直造型形成强烈的对比，使景物突出；平坦地形可作为集散广场、交通广场、草地、建筑等用地，以接纳和疏散人群，组织各种活动或供游人游览和休息。

2. 凸地形

凸地形具有一定的凸起感和高耸感，凸地形的形式有土丘、丘陵、山峦以及小山峰。凸地形具有构成风景、组织空间、丰富园林景观的功能，尤其在丰富景点视线方面起着重要的作用，因凸地形比周围环境的地势高，视线开阔，具有延伸性，空间呈发散状。它一方面可组织成为观景之地，另一方面因地形高处的景物最突出、明显，能产生对某物或某人更强的尊崇感，又可成为造景之地。

3. 凹地形

凹地形也被称为碗状洼地。凹地形是景观中的基础空间，适宜于多种活动的进行，当其与凸地形相连接时，它可完善地形布局。凹地形是一个具有内向性和不受外界干扰的空间，给人一种分割感、封闭感和私密感。凹地形还有一个潜在的功能，就是充当一个永久性的湖泊、水池或者蓄水池。凹地形在调节气候方面也有重要作用，它可躲避掠过空间上部的狂风；当阳光直接照射到其斜坡上时，可使地形内的温度升高，因此凹地形与同一地区内的其他地形相比更暖和，风沙更少，更具宜人的小气候。

4. 山脊

山脊总体上呈线状，与凸地形相比较，其形状更紧凑、更集中。山脊可以说是更“深化”的凸地形。

山脊可限定空间边缘，调节其坡上和周围环境中的小气候。在景观中，山脊可被用来转换视线在一系列空间中的位置或将视线引向某一特殊焦点。山脊还可充当分隔物，作为一个空间的边缘，山脊犹如一道墙体将各个空间或谷地分隔开来，使人感到有“此处”和“彼处”之分。从排水角度而言，山脊的作用就像一个“分水岭”，降落在山脊两侧的雨水，将各自流到不同的排水区域。

5. 谷地

谷地综合了凹地形和山脊地形的特点；与凹地形相似，谷地在景观中也是一个低地，是景观中的基础空间，适合安排多种项目和内容。它与山脊相似，也呈线状，具有方向性。

（二）园林地形与生态

生态是指生物的生活状态，指生物在一定的自然环境下生存和发展的状态以及它们之间和它与环境之间环环相扣的关系。现代城市园林和传统园林相比，现代园林更注重生态景观和生态学理论的应用与推广。与传统园林相比，生态理论在现代城市公园生态景观中的运用更为积极和深入。地形设计把生态学原理放在首位，在生态科学的前提下确定景观特征。地形是植物和野生动物在花园中生存的最重要的基础。它不仅是创造不同空间的有效方式，而且可以通过不同的形状和高度创造不同的栖息地。不断变化的地形为丰富植物种类和数量提供了更多的空间，也为昆虫、鸟类和小型哺乳动物等野生动物提供了栖息地。

（三）园林地形与美学

1. 直接表现

一个线条光滑、美观秀丽的优美地形，让人赏心悦目，得到美的感受。具有时代感的优秀山水地形作品，让人信服，得到心理满足。地形可以直接代表外在形式的艺术美感，也可以间接地反映出科学美内在的逻辑意蕴，更能体现理性更深的美；艺术美与科学美的内在联系和外在联系，在园林的地形上蕴含着美的内涵。具有艺术感染力的地形美是客观存在的。然后，运用独特的地形技术，可以正确地反映我国悠久的历史和灿烂的文化。

2. 间接表现

园林地形必须具有严密的科学性、可靠的实用性、精美的艺术性。这是表现园林地形美的三个主要方面：一是科学性。科学性是地形科学美的基本要求。它体现于设计地形的数学基础（确保精度）、特定的栽植植物和特殊的堆砌方法，主要体现在地形的所需可靠，实施科学的综合概括，从尽可能少和简单的概念出发，规律性地描述园林地形单个对象及其整体。二是实用性。实用性是地形美的实质，主要表现在地形内容的完备性和适应性两方面。适应性是地形所处位置的审美特征，指地形承载内容的表现形式、技术手段能使人理解、接受，感到视觉美，感到形式与内容相统一的和谐美。三是艺术性。艺术性是地形艺术美所在，主要体现在地形具有协调性、层次性和清晰性三方面。协调性是指地形总体构图平衡、对称，各要素之间能配合协调、相互衬托，地形空间显得和谐；层次性是指园林地形结构合理，有层次感，首先是主体要素突出于第一层视觉平面上，其他要素置于第二或第三视觉层面上；清晰性是指地形有适宜的承载量，地形所承载的植物、构筑、水面等配比合适，各元素之间搭配正确合理，内容明快实在，贴近自然，使人走入园林有一种美的享受。

（四）地形塑造

1. 技术准备

熟悉施工图纸，熟悉施工地块内土层的土质情况。了解地形整理地块的土质及周边的地质等情况。测量放样，在具体的测量放样时，可以根据施工图的要求，做好控制桩并做好保护。编制施工方案，提出土方造型的操作方法，提出需用施工机具、劳动力等。

2. 人员准备

组织并配备土方工程施工所需各专业技术人员、管理人员和技术工人；组织安排作业班次；制定较完善的技术岗位责任制和技术、质量安全、管理网络；建立技术责任制和质量保证体系。

3. 设备准备

做好设备调配，对进场挖土、推土、造型、运输车辆及各种辅助设备进行维修检查、试运转并运至使用地点就位。对拟采用的土方工程新机具，组织力量进行研制和试验。

4. 施工现场准备

土方施工条件复杂，施工受到地质、气候和周边环境的影响很大，所以我们要把握好施工区域内的地下障碍物，核查施工现场地下障碍物数据，确认可能影响地下管线的施工质量，并知道施工的其他障碍。全面估算施工中可能出现的不利因素，并提出各种相应的预防措施和应急措施，包括临时水、电、照明和排水系统以及铺设路面的施工。在原建筑物附近的挖填作业中，一方面要考虑原建筑物是否有外力作用，从而造成损伤，根据施工单位提供的准确位置图，测量人员进行方位测量，挖出地面，并将隐藏的物体清除；另一方面进行基层处理，由建设单位自检、施工或监理单位验收。在整个施工现场，首先要排除水，根据施工图的布设、精确定位标准的设置和高程的高低，进行开挖和成桩施工。在地形整理工程施工前，必须完成各种报关手续和各种证照。

二、园林地形的功能与作用

（一）地形的基础和骨架作用

地形是构成园林景观的骨架，是园林中所有景观元素与设施的载体，它为园林中其他景观要素提供了赖以存在的基面，是其他园林要素的设计基础和骨架，也是其他要素的基底和衬托。地形可被当作布局和视觉要素来使用，地形有许多潜在的视觉特性。在园林设计中，要根据不同的地形特征，合理安排其他景物，使地形起到较好的基础作用。

（二）地形的空间作用

地形因素直接制约着园林空间的形成。地形可构成不同形状、不同特点的园林空间。地形可以分隔、创造和限制外部空间。

（三）改善小气候的作用

地形可影响园林某一区域的光照、温度、风速和湿度等。园林地形的起伏变化能改善植物的种植条件，能提供阴、阳、缓、陡等多样性的环境。利用地形的自然排水功能，提供干湿不同的环境，使园林中出现宜人的气候以及良好的观赏环境。

（四）园林地形的景观作用

作为造园要素中的底界面，地形具有背景角色。例如，平坦地形上的园林建筑、小品、道路、树木、草坪等一个个景物，地形则是每个景物的底面背景。同时，园林凹凸地形可作为景物的背景，形成景物和作为背景的地形之间有很好的构图关系。另外，是地形能控制视线，能在景观中将视线导向某一特定点，影响某一固定点的可视景物和可见范围，形成连续观赏或景观序列，通过对地形的改造和组合，可产生不同的视觉效果。

（五）影响旅游线路和速度

地形可被用在外部环境中，影响行人和车辆运行的方向、速度和节奏。在园林设计中，可用地形的高低变化、坡度的陡缓以及道路的宽窄、曲直变化等来影响和控制游人的游览线路及速度。

三、园林地形处理的原则

（一）因地制宜原则

1. 满足园林性质和功能的要求

园林绿地的类型不同，其性质和功能就不一样，对园林地形的要求也就不尽相同。城市中的公园、小游园、滨湖景观、绿化带、居住区绿地等对园林地形要求相对要高一些，可进行适当处理，以满足使用和造景方面的要求。郊区的自然风景区、森林公园、工厂绿地等对地形的要求相对低，可因势就形稍作整理，偏重于对地形的利用。

游人在园林内进行各种游憩活动，对园林空间环境有一定的要求。因此，在进行地形设计时要尽可能为游人创造出各种游憩活动所需的不同的地貌环境。例如，游憩活动、团体集会等需要平坦地形；进行水上活动时需要较大的水面；登山运动需要山地地形；各类活动综合在一起，需要不同的地形分割空间。利用地形分割空间时，常需要有山岭坡地。

2. 满足园林景观要求

不同的园林形式或景观对地形的要求是不一样的，自然式园林要求地形起伏多变，规则式园林则需要开阔平坦的地形。要构成开放的园林空间，需要有大片的平地或水面。幽深景观需要有峰回路转层次多的山林。大型广场需要平地，自然式草坪需要微起伏的地形。

3. 符合园林工程的要求

园林地形的设计在满足使用和景观功能的同时，必须符合园林工程的要求。当地形比较复杂时，地形处理应根据科学的原则，山体的高度、土坡的倾斜面、水岸坡度的合理稳定性、平坦地形的排水问题、开挖水体的深度与河床的坡度关系、园林建筑设置的基础以及桥址的基础等都要以科学为依据，以免发生如陆地内涝、水面泛滥与枯竭、岸坡崩坍等工程事故。

4. 符合园林植物的种植要求

地形处理还应与植物的生态习性、生长要求相一致，使植物的种植环境符合生态地形的要求。对保存的古树名木要尽量保持它们原有地形的标高，且不要破坏它们的生态环境。总之，在园林地形的设计中，要充分考虑园林植物的生长环境，尽量创造出适宜园林植物生长的环境。

（二）园林地形的造景设计

1. 平坦地形的设计

平坦地形是坡度小于3%的地形。平坦地形按地面材料可分为土地面、沙石地面、铺装地面和种植地面。土地面如林中空地，适合夏日活动和游憩；沙石地面，如天然的岩石、卵石或沙砾；铺装地面可以是规则或不规则的；种植地面则是植以花草树木。

平坦地形可用于开展各种活动，最适宜做建筑用地，也可做道路、广场、苗圃、草坪等用地，可组织各种文体活动，供游人游览休息，接纳和疏散人群，形成开朗景观，还可做疏林草地或高尔夫球场（1%~3%）：地形设计时，应同时考虑园林景观和地表水的排放，要求平坦地形有3%~5%的坡度。在有山水的园林中，山水交界处应有一定面积的平坦地形，作为过渡地带，临山的一边应以渐变的坡度和山体相接，近水的一旁以缓慢的坡度，慢慢伸入水中，造成冲积平原的景观。在平坦地形上造景可结合挖地堆山或用植物分隔、作障景等手法处理，以打破平地的单调乏味，防止景观一览无余。

2. 坡地地形的设计

布置道路建筑一般不受约束，可不设置台阶，可开辟园林水景，水体与等高线平行，不宜布置溪流。中坡地（10%~25%）在该地形设计中，可灵活多变地利用地形的变化来进行景观设计，使地形既相分割又相联系，成为一体。在起伏较大的地形的上部可布置假山，塑造成上部突出的悬崖式陡崖。布置道路时须设梯步，布置建筑最好分层设置，不宜布置建筑群，也不适宜布置湖、池，而宜设置溪流。陡坡地（25%~50%）视野开阔，但在设计时须布置较陡的梯步。

3. 山地地形的设计

山地是坡度大于50%的地形，在园林地形的处理中，一般不做地形改造，不宜布置建筑；可布置蹬道、攀梯。

4. 假山设计与布局

假山又称掇山、迭山、叠山，包括假山和置石两个部分。假山是人工创作的山体，是以造景游览为主要目的，充分结合其他多方面的功能作用，以灰、土、石等为材料，以自然山水为蓝本并加以艺术的提炼，人工再造的山水景物的通称。置石是以山石为材料做独立性或附属性的造景布置，主要表现山石的个体美或局部的组合，而不具备完整的山形。

我国的园林以风景为骨干的山水园著称，有山就有高低起伏的地势。假山可作为景观的主题以点缀空间，也可起分隔空间和遮挡视线的作用，能调节游人的视点，形成仰视、平视、俯视的景观，丰富园林艺术内容。山石可以堆叠成各种形式的蹬道，这是古典园林中富有情趣的一种创造方式，山石也可用作水体的驳岸。

5. 置石

第一，特置。也称孤植、单植，即一块假山石独立成景，是山石的特写处理。特置要求山石体量大、轮廓线突出、体姿奇特、山石色彩突出。特置常作为入口的对景、障景、庭园和小院的主景，道路、河流、曲廊拐弯处的对景。特置山石布置时，要相石立意，注意山石体量与环境相协调。

第二，散置。散置又称“散点”，即多块山石散漫放置，以石之组合衬托环境取胜。这种布置方式可增加某地段的自然属性，常用于园林两侧、廊间、粉墙前、山坡上、桥头、路边等或点缀建筑或装点角隅。散置要有聚散、断续、主次、高低、曲折等变化之分，要有聚有散，有断有续，主次分明，高低参差，前后错落，左右呼应，层次丰富，有立有卧，有大有小，仿佛山岩余脉或山间巨石散落或风化后残余的岩石。

第三，群置。群置即“大散点”，是将多块山石成群布置，作为一个群体来表现。布置时，要疏密有致，高低不一。置石的堆放地相对较多，群置在布局中要遵循石之大小不等、石之高低不等、石之间距远近不等的原则。

第四，对置。对置是沿中轴线两侧做对称位置的山石布置。布置时，要左右呼应、一大一小。在园林设计中，置石不宜过多，多则会失去生机，不宜过少，太少又会失去野趣。设计时，注意石不可杂、纹不可乱、块不可均、缝不可多。

叠山、置石和山石的各种造景，必须统一考虑安全、护坡、登高、隔离等各种功能要求。游人进出的假山，其结构必须稳固，应有采光、通风、排水的措施，并应保证通行安全。叠石必须保持本身的整体性和稳定性。山石衔接以及悬挑、假山的山石之间、叠石与其他建筑设施相接部分的结构必须牢固，确保安全。

第二节　园林水体规划设计

一、园林景观水体规划的现状

（一）水体的特征

水之所以成为造园者以及观赏者都喜爱的景观要素，除了水是大自然中普遍存在的景象外，还与水本身具有的特征分不开。

1. 水具有独特的质感

水本身是无色透明的液体，具有其他园林要素无法比拟的质感。主要表现在水的“柔”性。古代有以水比德、以水述情的描写，即所谓的“柔情似水”。水独特的质感还表现在水的洁净，水清澈见底而无丝毫的躲藏。在世间万物中，只有水具有本质的澄净，并能洗涤万物。水之清澈、水之洁净，给人以无尽的联想。

2. 水有丰富的形式

水在常温下是一种液体，本身并无固定的形状，其观赏的效果决定于盛水物体的形状、水质和周围的环境。

水的各种形状、水姿都与盛水的容器相关。盛水的容器设计好了，所要达到的水姿就出来了。当然，这也与水本身的质地有关，各种水体用途不同，对水质要求也不尽相同。

3. 水具有多变的状态

水因重力和受外界的影响，常呈现出四种不同的动静状态。一是平静的湖水，安详、朴实；二是因重力影响呈现流动；三是因压力向上喷涌，水花四溅；四是因重力下跌。水也会因气候的变化呈现多变的状态，水体可塑的状态，与水体的动静两宜都给人以遐想。

4. 水具有自然的音响

运动着的水，无论是流动、跌落、喷涌，还是撞击，都会发出各自的音响。水还可与其他要素结合发出自然的音响。

5. 水具有虚涵的意境

水具有透明而虚涵的特性。表面清澈，呈现倒影，能带给人亦真亦幻的迷人境界，体现出“天光云影共徘徊”的意境。

总之，水具有其他园林要素无可比拟的审美特性。在园林设计中，通过对景物的恰当安排，充分体现水体的特征，充分发挥水体的魅力，给园林更深的感染力。

（二）园林水体的布局形式

1. 规则式水体

规则式水体包括规则不对称式水体和规则对称式水体。此类水体的外形轮廓是有规律的直线或曲线闭合而形成的几何形，大多采用圆形、方形、矩形、椭圆形、梅花形、半圆形或其他组合类型，线条轮廓简单，有整齐式的驳岸，常以喷泉作为水景主题，并多以水池的形式出现。

2. 自然式水体

自然式水体的外形轮廓由无规律的曲线组成。园林中，自然式水体主要是对原水体进行的改造或者进行人工再造而形成的，是通过对自然界中存在的各种水体形式进行高度概括、提炼、缩拟，用艺术形式表现出来的。

自然式水体大致归纳为两种类型：拟自然式水体和流线型水体。拟自然式水体有溪、涧、河流、人工湖、池塘、潭、瀑布、泉等；流线型水体是指构成水体的外形轮廓自然流畅，具有一定的运动感。自然式水体多采用动水的形式形成流动、跌落、喷涌等各种水体形态，水位可固定也可变化，结合各种水岸处理能形成各种不同的水体景观。自然式水体的驳岸为各种自然曲线的倾斜坡度，且多为自然山石驳岸。

3. 混合式水体

混合式水体是规则式水体与自然式水体有机结合的一种水体类型，富于变化，具有比规则式水体更灵活自由，又比自然式水体易于与建筑空间环境相协调的优点。

（三）水体对园林环境的作用

1. 水体的基底作用

大面积的水体视域开阔、坦荡，有托浮岸畔和水中景观的基底作用。当进行大面积的水体景观营造时，要利用大水面的视线开阔之处，利用水面的基底作用，在水面的陆地上充分营造其他非水体景观，并使之倒映在水中。而且要将水中的倒影与景物本身作为一个整体进行设计，综合造景，充分利用水面的基底作用。

2. 水体的系带作用

在园林中，利用线型的水体将不同的园林空间、景点连接起来，形成一定的风景序列或者利用线型水体将散落的景点统一起来，充分发挥水体的系带作用来创建不同的水体景观。

3. 水体的焦点作用

部分水体所创造的景观能形成一定的视线焦点。动态水景如喷泉、跌水、水帘、水墙、壁泉等，其水的流动形态和声响均能吸引游人的注意力。设计时，要充分发挥此类水景的焦点作用，形成园林中的局部小景或主景。用作焦点的水景，在设计中除处理好水景的比例和尺度外，还要考虑水景的布置地点。

（四）水体造景的手法与要求

1. 水质

水体设计中对水质有较高的要求，如游泳池、戏水池，必须以沉淀、过滤、净化措施或过滤循环方式保持水质或定期更换水体。绝大部分的喷泉和水上世界的水景设计，必须构筑防水层，与外界隔断。要对水体采取相应的保护措施，保证水量充足，达到景观设计要求。同时，要注意水的回收再利用，非接触性娱乐用水与接触性娱乐用水对水质的要求有所不同。

2. 水形

水形是水在园林中的应用和设计。根据水的类型及在园林中的应用，水形可分为点式水景、线式水景和面式水景三种形式。

（1）点式水体设计

点式水体主要有喷泉和壁泉。喷泉又名喷水，是利用泉水向外喷射而供观赏的重要水景，常与水池、雕塑同时设计，起装饰和点缀园景的作用。喷泉的类型有地泉、涌泉、山泉、间歇泉、音乐喷泉、光控喷泉、声控喷泉等。喷泉的形式也很多，主要有喷水式、溢水式、溅水式等。

喷泉无维度感，要在空间中标志一定的位置，必须向上突起呈竖向线性的特点。一是要因地制宜，根据现场地形结构，仿照天然水景制作而成，如壁泉、涌泉、雾泉、管流、溪流、瀑布、水帘、跌水、水涛、漩涡等。二是完全依靠喷泉设备人工造景。这类水景近年来在建筑领域广泛应用，发展速度很快，种类繁多，有音乐喷泉、声控喷泉、摆动喷泉、跑动喷泉、光亮喷泉、游乐喷泉、超高喷泉、激光水幕电影等。

喷泉设置的地点，宜在人流集中处。一般把它安置在主轴线或透视线上，如建筑物前方或公共建筑物前庭中心、广场中央、主干道交叉口、出入口、正副轴线的交点上、花坛组群等园林艺术的构图中心，常与花坛、雕塑组合成景。

（2）壁泉

壁泉严格来说也是喷泉的一种，壁泉一般设置于建筑物或墙垣的壁面，有时设置于水池驳岸或挡土墙上。壁泉由墙壁、喷水口、承水盘和贮水池等几部分组成。墙壁一般为平面墙，也可内凹做成壁龛形状。喷水口多用大理石或金属材料雕成龙头、狮子等动物形象，泉水由动物口中吐出喷到承水盘中然后由水盘溢入贮水池内。墙垣上装置壁泉，可破除墙面平淡单调的气氛，因此它具备装饰墙面的功能。

3. 线式水体

线式水体有表示方向和引导的作用，有联系统一和隔离划分空间的功能。沿着线性水体安排的活动可以形成序列性的水景空间。

（1）溪、涧和河流

溪、涧和河流都属于流水。在自然界中，水源自源头集水而下，到平地时，流淌向前，形成溪、涧及河流水景。溪，浅而阔。溪涧的水面狭窄而细长，水因势而流，不受拘束。水口的处理应使水声悦耳动听，使人犹如置身于真山真水之间。溪涧设计时，源头应做隐蔽处理。

溪、涧、河流、飞瀑、水帘、深潭的独立运用或相互组合，巧妙地运用山体，建造岗、峦、洞、壑，以大自然中的自然山水景观为蓝本，采取置石、筑山、叠景等手法，将从山上流下的清泉建成蜿蜒流淌的小溪或建成浪花飞溅的涧流等，如苏州的虎跑泉等。在平面设计上，应蜿蜒曲折、有分有合、有收有放，构成大小不同的水面或宽窄各异的河流。在立面设计上，随地形变化形成不同高差的跌水。同时应注意，河流在纵深方面上的藏与露。

（2）瀑布

瀑布是由水的落差形成的，属于动水。瀑布在园林中虽用得不多，但它的特点鲜明，既充分利用了高差变化，又使水产生动态之势。例如，把石山叠高，下挖成潭，水自高往下倾泻，击石四溅，俨如千尺飞流，震撼人心，令人流连忘返。

瀑布由五个部分构成：上游水流、落水口、瀑身、受水潭、下游泄水。瀑布按形态不同，可分为直落式、叠落式、散落式、水帘式、喷射式；按瀑布的大小，可分为宽瀑、细瀑、高瀑、短瀑、涧瀑等。人工创造的瀑布景观是模拟自然界中的瀑布，应按照园林中的地形情况和造景的需要，创造不同的瀑布景观。

（3）跌水

有规则式跌水和自然式跌水之分。所谓规则式，就是跌水边缘为直线或曲线且相互平行，高度错落有致使跌水规则有序。而自然跌水则不必一定要平行整齐，如泉水从山体自上而下三叠而落，连成一体。

4. 面式水体

面式水体主要体现静态水的形态特征，如湖、池、沼、井等。面式水体常采用自然式布局，沿岸因境设景，可在适当位置种植水生植物。

（1）湖、池

湖属于静水，在园林中可利用湖获取倒影，扩展空间。在湖体的设计中，主要是湖体的轮廓设计以及用岛、桥、矶、礁等来分隔而形成的水体景观。

园林中常以天然湖泊作为面式水体，尤其是在皇家园林中，此水景有一望千顷、海阔天空之气派，构成了大型园林的宏旷水景。而私家园林或小型园林中的水体面积较小，其形状可方、可圆、可直、可曲，常以近观为主，不可过分分隔，故给人古朴野趣的感觉。园林中的水池面积可大可小，形状可方可圆，水池除本身外形轮廓的设计外，与环境的有机结合也是水池设计的重点。

（2）潭、滩

潭景一般与峭壁相连，水面不大，深浅不一。大自然之潭周围峭壁嶙峋，俯瞰气势险峻，好似万丈深渊。庭园中潭之创作，岸边宜叠石，不宜披土。光线处理宜荫蔽浓郁，不宜阳光灿烂。水位标高宜低下，不宜涨满。水面集中而空间狭隘是渊潭的创作要点。

（3）岛

岛一般是指突出水面的小土丘，属块状岸型。常用的设计手法是岛外水面萦回，折桥相引；岛心立亭，四面配以花木景石，形成庭园水局之中心，游人临岛眺望，可遍览周围景色。该岸型与洲渚相仿，但体积较小，造型也很灵巧。

（4）堤

以堤分隔水面，属带形岸型。在大型园林中，如杭州西湖苏堤，既是园林水局中之堤景，又是诱导眺望远景的游览路线，在庭园里用小堤做景的，多做庭内空间的分割，以增添庭景之情趣。

（5）矶

矶是指突出水面的湖石。属点状岸型，一般临岸矶多与水栽景相配或有远景因借。位于池中的矶，常暗藏喷水龙头，自湖中央溅喷成景，也有用矶做水上亭榭之衬景的。

随着现代园林艺术的发展，水景的表现手法越来越多，它活跃了园林空间，丰富了园林内涵，美化了园林的景致。正是理水手法的多元化，才表达出了园林中水体景观的无穷魅力。

（五）水体设计的驳岸处理

水体设计必须建造驳岸，并根据园林总体设计中规定的平面线形、竖向控制点、水位和流速进行设计。

1. 素土驳岸

岸顶至水底坡度小于100%的，应采用植被覆盖；坡度大于100%的，应有固土和防冲刷的技术措施。地表径流的排放及驳岸水下部分处理应符合相关标准和要求。

2. 人工砌筑或混凝土浇筑的驳岸

应符合相关规定和要求，如寒冷地区的驳岸基础应设置在冰冻线以下，并考虑水体及驳岸外侧土体结冻后产生的冻胀对驳岸的影响，需要采取的管理措施在设计文件中注明。

二、园林水景观的设计原则

（一）整体优化原则

景观是一系列生态系统组成的、具有一定结构与功能的整体。在水生植物景观设计时，应把景观作为一个整体单位来思考和管理。除了水面种植水生植物外，还要注重水池、湖塘岸边耐湿乔灌木的配置。尤其要注意落叶树种的栽植，尽量减少水边植物的代谢产物，以达到整体最佳状态，实现优化利用。

（二）多样性原则

景观多样性是描述生态镶嵌式结构的拼块的复杂性、多样性。自然环境的差异会促成植物种类的多样性而实现景观的多样性。景观的多样性还包括垂直空间环境差异而形成的景观镶嵌的复杂程度。这种多样性，通常通过不同生物学特性的植物配置来实现。还可通过多种风格的水景园、专类园的营造来实现。

（三）景观个性原则

每个景观都具有与其他景观不同的个性特征，即不同的景观具有不同的结构与功能，这是地域分异客观规律的要求。根据不同的立地条件、不同的周边环境，选用适宜的水生植物，结合瀑布、叠水、喷泉以及游鱼、水鸟、涉禽等动态景观将会呈现各具特色又丰富多彩的水体景观。

（四）遗留地保护原则

遗留地保护原则即保护自然遗留地内的有价值的景观植物，尤其是富有地方特色或具有特定意义的植物，应当充分加以利用和保护。

（五）综合性原则

景观是自然与文化生活系统的载体，景观生态规划需要运用多学科知识，综合多种因素，满足人类各方面的需求。水生植物景观不仅要具有观赏和美化环境的功能，其丰富的种类和用途还可作为科学普及、增长知识的活教材。

三、依水景观的设计

（一）依水景观的设计形式

1. 水体建亭

水面开阔舒展，明朗流动，有的幽深宁静，有的碧波万顷，情趣各异，为突出不同的景观效果，一般在小水面建亭宜低邻水面，以细察涟漪。而在大水面，碧波坦荡，亭宜建在临水高台上，以观远山近水，舒展胸怀，各有其妙。

一般临水建亭，有一边临水、多边临水或完全伸入水中以及四周被水环绕等多种形式，在小岛上、湖心台基上、岸边石矶上都是临水建亭之所。在桥上建亭，更使水面景色锦上添花，并增加水面空间层次。

2. 水面设桥

桥是人类跨越山河天堑的技术创造，给人带来生活的进步与交通的方便，自然能引起人的美好联想，故有人间彩虹的美称。而在中国自然山水园林中，地形变化与水路相隔，非常需要桥来联系交通，沟通景区，组织游览路线。而且更以其造型优美、形式多样作为园林中重要造景建筑之一。因此，小桥流水成为中国园林及风景绘画的典型景色。在规划设计桥时，桥应与园林道路系统配合；联系游览路线与观景点；注意水面的划分与水路通行与通航，组织景区分隔与联系的关系。

3. 依水修榭

榭是园林中游憩建筑之一，建于水边，明榭是一种借助于周围景色而见长的园林游憩建筑。其基本特点是临水，尤其着重于借取水面景色。在功能上除应满足游人休息的需要外，还有观景及点缀风景的作用。最常见的水榭形式是：在水边筑一平台，在平台周边以低栏杆围绕，在湖岸通向水面处做敞口，在平台上建起一单体建筑，建筑平面通常是长方形，建筑四面开敞通透或四面做落地长窗。

（二）临水驳岸形式及其特征

园中水局之成败，除一定的水型外，离不开相应岸型的规划和塑造，协调的岸型可使水局景更好地呈现出水在庭园中的作用和特色，把旷畅水面做得更为舒展。岸型属园林的范畴，多顺其自然。园林驳岸在园林水体边缘与陆地交界处，为稳定岸壁，保护河岸不被冲刷或水淹所设置的构筑物（保岸），必须结合所在景区园林艺术风格、地形地貌、地质条件、水面形成材料特性、种植设计以及施工方法、技术经济要求来选其建筑结构及其建筑结构形式。庭园水局的岸型亦多以模拟自然取胜，我国庭园中的岸型包括洲、岛、堤、矶岸各类形式，不同水型，采取不同的岸型。总之必须极尽自然，以表达“虽由人作，宛若天开”的效果，统一于周围景色之中。

（三）水与动植物的关系

水是植物营养丰富的栖息地，它能滋养周围的植物、鱼和其他野生物。大多数水塘和水池可以饲养观赏鱼类，而较大的水池则是野禽的避风港。鱼类可以自由地生活在溪流和小河中，但溪水和小河更适合植物的生长。池塘中可以培养出茂盛且风格各异的植物，在小溪中精心培育的植物也可称之为真正的景观艺术。

第三节　园林植物种植规划设计

一、园林植物的功能作用

（一）园林植物的观赏作用

园林植物作为园林中一个必不可少的设计要素，本身也是一个独特的观赏对象。园林植物的树形、叶、花、干、根等都具有重要的观赏作用，园林植物的形、色、姿、味也有独特而丰富的景观作用。园林植物群体也是一个独具魅力的观赏对象。大片茂密的树林、平坦而开阔的草坪、成片鲜艳的花卉等都带给人们强烈的视觉感觉。

（二）园林植物的造景作用

园林植物具有很强的造景作用，植物的四季景观，本身的形态、色彩、芳香、习性等都是园林造景的题材：园林植物可单独作为主景进行造景，充分发挥园林植物的观赏作用。园林植物可作为园林其他要素的背景，与其他园林要素形成鲜明的对比，突出主景。园林植物与地形、水体、建筑、山石、雕塑等有机配植，将形成优美、雅静的环境，具有很强的艺术效果。利用园林植物引导视线，形成框景、漏景、夹景；利用园林植物分隔空间，增强空间感，达到组织空间的作用。利用园林植物阻挡视线，形成障景。利用园林植物加强建筑的装饰，柔化建筑生硬的线条。利用园林植物创造一定的园林意境。中国的传统文化中，就已赋予了植物一定的人格化。例如，“松、竹、梅”有“岁寒三友”之称，“梅、兰、竹、菊”有“四君子”之称。

二、园林植物种植设计的基本原则

（一）功能性原则

不同的园林绿地具有不同的性能和功能，园林植物的种植设计必须满足园林绿地性质和功能的要求，并与主题相符，与周围的环境相协调，形成统一的园林景观。例如，街道绿化主要解决街道的遮阴和组织交通问题，起到防止眩光以及美化市容的作用。因此，选择植物以及植物的种植形式要适应这一功能要求。在综合性公园的植物种植设计中，为游人提供各种不同的游憩活动空间，需要设置一定的大草坪等开阔空间，还要有遮阴的乔木，成片的灌木以及密林、疏林等。

（二）科学性原则

先是要因地制宜，满足园林植物的生态要求，做到适地适树，使植物本身的生态习性与栽植点的生态条件统一。还要考虑植物配置效果的发展性和变动性，有合理的种植密度和搭配。合理设置植物的种植密度，应从长远考虑，根据成年树的树冠大小来确定植物的种植距离。要兼顾速生树与慢生树、常绿树与落叶树之间的比例，充分利用不同生态位植物对环境资源需求的差异，正确处理植物群落的组成和结构，重视生物多样性，以保证在一定的时间植物群落之间的稳定性，增强群落的自我调节能力，维持植物群落的平衡与稳定。

（三）艺术性原则

全面考虑植物在形、色、味、声上的效果，突出季相景观。园林植物配置要符合园林布局形式的要求，同时要合理设计园林植物的季相景观。除了考虑园林植物的现时景观，更要重视园林植物的季相变化及生长的景观效果。园林植物的季相景观变化，能体现园林的时令变化，表现出园林植物特有的艺术效果。例如，春季山花烂漫；夏季荷花映日、石榴花开；秋季硕果满园，层林尽染；冬季梅花傲雪等。首先是要处理好不同季相植物之间的搭配，做到四季有景可赏。其次是要充分发挥园林植物的观赏特性，注意不同园林植物形态、色彩、香味、姿态及植物群体景观的合理搭配，形成多姿多彩、层次丰富的植物景观。最后还要处理好植物与山、水、建筑等其他园林要素之间的关系，从而达到步移景异、时移景异的优美景观。

(四)经济性原则

园林的经济性原则主要是以最少的投入获得最大的生态效益和社会效益。例如,可以保留园林绿地原有的树种,慎重使用大树造景,合理使用珍贵树种,大量使用乡土树种。另外,也要考虑植物种植后的管理和养护费用等。

三、园林植物种植设计的方式与要求

园林植物的种植设计是按照园林绿地总体设计意图,因地制宜、适地适树地选择植物种类,根据景观的需要,采用适当的植物配置形式,完成植物的种植设计,体现植物造景的科学性和艺术性。

(一)孤植

孤植是指单株乔木孤立种植的配置方式,主要表现树木的个体美。在配置孤植树时,必须充分考虑孤植树与周围环境的关系,要求体形与其环境相协调,色彩与其环境有一定差异。一般来说,在大草坪、大水面、高地、山冈上布置孤植树,必须选择体量巨大、树冠轮廓丰富的树种,才能与周围大环境取得均衡。同时,这些孤植树的色彩与背景的天空、水面、草地、山林等有差异,形成对比,才能突出孤植树在姿态、体形、色彩上的个体美。在小型的林中草地、较小水面的水滨以及小的院落之中布置孤植树,应选择体量小巧、树形轮廓优美的色叶树种和芳香树种等,使其与周围景观环境相协调。

孤植树可布置在开阔大草坪或林中草地的自然重心处,以形成局部构图中心,并注意与草坪周围的景物取得均衡与呼应;可配置在开阔的江、河、湖畔,以清澈的水色作为背景,使其成为一个景点;配置在自然式园林中的园路或水系的转弯处、假山蹬道口以及园林的局部入口处,做焦点树或诱导树;布置在公园铺装广场的边缘或园林建筑附近铺装场地上,用作庭荫树。

(二)对植

1. 对称式对植

对称式对植即采用同一树种、同一规格的树木依据主体景物的中轴线做对称布置,两树的连线与轴线垂直并被轴线等分。一般选择冠形规整的树种。此形式多运用于规则式种植环境之中。

2. 非对称式对植

非对称式对植即采用种类相同，但大小、姿态不同的树木，以主体景物中轴线为支点取得均衡关系，沿中轴线两侧做非对称布置。其中，稍大的树木离轴线垂直距离较稍小的树木近些，且彼此之间要有呼应，要顾盼生情，以取得动势集中和左右均衡。可采用株数不同，但树种相同的树木，如左侧是 1 株大树，右侧为同种的 2 株小树，也可以是两侧相似而不相同的两个树种，还可以两侧是外形相似的两个树丛。此形式多运用于自然式种植环境之中。

3. 列植

列植是指树木按一定的株行距成行成列地栽植的配置方式。列植形成的景观比较整齐、单纯，列植与道路配合，可构成夹景。列植多运用于规则式种植环境中，如道路、建筑、矩形广场、水池等附近。

列植的树种宜选择树冠体形比较整齐的树种，树冠为圆形、卵圆形、椭圆形、圆锥形等。栽植间距取决于树木成年冠幅大小、苗木规格和园林主要用途，如景观、活动等，一般乔木采用 3~8 米，灌木为 1~5 米。

4. 丛植

丛植通常是指由两株到十几株同种或异种树木组合种植的配置方式。将树木成丛地种植在一起，即称之为丛植。丛植所形成的种植类型就是树丛。树丛的组合，主要表现的是树木的群体美，彼此之间既有统一的联系，又有各自的变化。但也必须考虑其统一构图表现出单株的个体美。因此，选择作为组成树丛的单株树木的条件与选孤植树相类似，必须选择在庇荫、姿态、色彩、芳香等方面有特殊观赏价值的树木。树丛可做主景、配景、障景、隔景或背景等。

（三）树丛在组成上有单纯树丛和混交树丛两种类型

1. 两株植物配植

必须既要调和又要有对比，两者成为对立统一体，故两树首先须有通相，即采用同一树种（或外形十分相似的不同树种）才能使两者统一起来。但又必须有殊相，即在姿态和体型大小上，两树应有差异，才能有对比而生动活泼。因此，两株植物配植必须一俯一仰、一倚一直，但两株树的距离应小于两树树冠直径长度。

2. 三株配植

三株植物配植，树种最好是同为乔木或同为灌木。如果是单纯树丛，树木的大小和姿态要有对比和差异；如果是混交树丛，则单株应避免选择最大的或最小的树形，栽植时三株忌在一直线上，也不宜布置成等边三角形。其中，最大的一株和最小的一株要靠近些，在动势上要有呼应，三株植物呈不等边三角形。在选择树种时，要避免体量差异太悬殊、姿态对比太强烈而造成构图的不统一。因此，三株配植的树丛最好选择同一树种而体形、姿态不同的进行配植。如采用两种树种，最好是类似的树种。

3. 四株配植

四株植物配植可以是单一树种，可以是两种不同树种。如果是相同的树种，各株树要求在体形、姿态上有所不同。如是两种不同树种，其树种的外形最好相似，否则就难以协调，四株植物配植的平面形式有两种类型：一种是不等边四边形；另一种是不等边三角形，形成 3∶1 或 2∶1∶1 的组合。四株中最大的一株可在三角形那组内。四株植物配植中，其中不能有任何 3 株成一直线排列。

4. 五株配植

五株植物的配植可以分为两种形式，这两组的数量可以是 3∶2 或者是 4∶1。在 3∶2 配植中，要注意最大的一株必须与最小的一株在一组中。在 4∶1 配植中，要注意单独的一组不能是最大的也不能是最小的。两组的距离不能太远，树种的选择可以是同一树种，也可以是两种或三种不同树种，如果是两种树种，则一种树为三株，另一种树为两株，而且在体形、大小上要有差异，不能一种树为一株，另一种树为四株，这样易失去均衡。在 3∶2 或 4∶1 的配植中，同一树种不能全放在一组中，这样容易产生两个树丛的感觉。在栽植方法上有不等边的三角形、四边形、五边形等。在具体布置上，可以是常绿树组成的稳定树丛或常绿树和落叶树组成的半稳定树丛，也可以是落叶树组成的不稳定树丛。

5. 六株以上配植

六株以上树木的配植，一般是由 2 株、3 株、4 株、5 株等基本形式，交相搭配而成的。例如，2 株与 4 株，则成 6 株的组合；5 株与 2 株相搭，则为 7 株的组合，都构成 6 株以上树丛。它们均是几个基本形式的复合体。综上所述，株数虽增多，仍有规律可循。只要基本形式掌握好，7 株、8 株、9 株乃至更多株树木的配合，均可类推。孤植树和 2 株树丛是基本方式，3 株树丛是由 1 株、2 株树丛组成的；4 株树丛则是由 1 株和 3 株树丛组成的；5 株树丛可看成由 1 株和 4 株树丛或 2 株和 3 株树丛组成的；6 株以上树丛则可依次类推。其关键在于调和中有对比，差异中有稳定。株数太多时，树种可增加，但必须注意外形不能差异太大。一般来说，在树丛总株数 7 株以下时树种不宜超过 3 种，15 株以下不宜超过 5 种。

（四）群植

用数量较多的乔灌木（或加上地被植物）配植在一起形成一个整体，称为群植。群植所形成的种植类型称为树群。树群的株数一般在20株以上。树群与树丛不仅在规格、颜色、姿态、数量上有差别，而且在表现的内容方面也有差异。树群表现的是整个植物体的群体美，主要观赏它的层次、外缘和林冠等，并且树群树种选择对单株的要求没有树丛严格。树群可以组织园林空间层次，划分区域；也可以组成主景或配景，起隔离、屏障等作用。

树群的配植因树种的不同，可组成单纯树群或混交树群。树群内的植物栽植距离要有疏密变化，要构成不等边三角形，不能成排、成行、成带的等距离栽植，应注意树群内部植物之间的生态关系和植物的季相变化，使整个树群四季都有变化。树群通常布置在有足够观赏视距的开阔场地上，如靠近林缘的大草坪、宽阔的林中空地、水中的小岛屿上，宽广水面的水滨以及山坡、土丘上等。作为主景的树群，其主要立面的前方，至少要有树群高度的4倍、树群宽度的1.5倍的距离，要留出空地，以便游人观赏。

（五）林植

当树群面积、株数都足够大时，它既构成森林景观，又发挥特别的防护功能。这样的大树群，则称为林植；林植所形成的种植类型，称为树林，又称风景林。它是成片成块大量栽植乔、灌木的一种园林绿地。

树林按种植密度，可分为密林和疏林；按林种组成，可分为纯林和混合林。密林的郁闭度可达70%~95%。由于密林郁闭度较高，日光透入很少，林下土壤潮湿，地被植物含水量大，质地柔软，经不起践踏，并且容易污染人们的衣裤，故游人一般不便入内游览和活动。而其间修建的道路广场相对要多一些，以便容纳一定的游人，林地道路广场密度为5%~10%。疏林的郁闭度则为40%~60%。纯林树种单一，生长速度一致，形成的林缘线单调平淡，而混交林树种变化多样，形成的林缘线季相变化复杂，绿化效果也较生动。

（六）篱植

绿篱是耐修剪的灌木或小乔木，以相等的株行距，单行或双行排列而组成的规则绿带，是属于密植行列栽植的类型之一。它在园林绿地中的应用很广泛，形式也较多。

绿篱按修剪方式，可分为规则式和自然式。从观赏和实用价值来讲，可分为常绿篱、落叶篱、彩叶篱、花篱、果篱、编篱、蔓绿篱等；按高度，可分为绿墙、高绿篱、中绿篱及矮绿篱。绿墙，高度在人视线高160厘米以上；高绿篱，高度为120~160厘米，人的视线可通过，但不能跳越；中绿篱，高度为50~120厘米；矮绿篱，高度在50厘米以下，人们能够跨越。

篱植在园林中的作用有：围护防范，作为园林的界墙；模纹装饰，作为花境的“镶边”，起构图装饰作用；组织空间，用于功能分区，起组织和分隔空间的作用，还可组织游览路线，起导游作用；充当背景，作为花境、喷泉、雕塑的背景，丰富景观层次，突出主景；障丑显美，作为绿化屏障，掩蔽不雅观之处；或做建筑物的基础栽植、修饰墙脚等。

（七）草本花卉的种植设计

1. 花坛

花坛是指在具有一定几何轮廓的种植床内，种植各种不同色彩的观花、观叶与观景的园林植物，从而构成富有鲜艳色彩或华丽纹样的装饰图案以供观赏。花坛在园林构图中常作为主景或配景，它具有较高的装饰性和观赏价值。

花坛按形式不同，可分为独立花坛、组合花坛、花群花坛；依空间位置不同，可分为平面花坛、斜面花坛、立体花坛；按种植材料不同，可分为盛花花坛（花丛式花坛）、草皮花坛、木本植物花坛、混合花坛；依花坛功能不同，可分为观赏花坛、标记花坛、主题花坛、基础花坛、节日花坛等。花坛设计包括花坛的外形轮廓、花坛高度、边缘处理、花坛内部的纹样、色彩设计以及植物的选择。

花坛突出的是图案构图和植物的色彩，花坛要求经常保持整齐的轮廓，因此多选用植株低矮、生长整齐、花期集中、株型紧凑而花色艳丽（或观叶）的种类。一般还要求便于经常更换及移栽布置，故常选用一二年生花卉。花坛色彩不宜太多，一般以 2~3 种为宜，色彩太多会给人以杂乱无章的感觉。植株的高度与形状对花坛纹样与图案的表现效果有密切关系。花坛的外形轮廓图样要简洁，轮廓要鲜明，形体有对比才能获得良好的效果。

花坛的体量大小、布置位置都应与周围的环境相协调。花坛过大，观赏和管理都不方便。一般独立花坛的直径都在 8 米以下，过大时内部要用道路或草地分割构成花坛群。带状花坛的长度不少于 2 米，也不宜超过 4 米，并在一定的长度内分段。

2. 花境

花境也称境界花坛，是指位于地块边缘、种植花卉灌木的一种狭长的自然式园林景观布置形式。它是模拟林缘地带各种野生花卉交错生长状态，创造的植物景观。

花境的平面形状较自由灵活，可以直线布置，如带状花坛，也可以作自由曲线布置，内部植物布置是自然式混交的，花境表现的主题是花卉群体形成的自然景观。

花境可分为单面观赏和双面观赏两大类型。单面观赏的花境，高的植物种植在后面，低矮的种植在前面，宽度一般为 2~4 米，一般布置在道路两侧、草坪的边缘、建筑物四周等，其花卉配置方法可采用单色块镶嵌或各种草花混杂配置。双面观赏的花境，高的植物种植在中间，低矮的种植在两边，中间的花卉高度不能超过游人的视线，可供游人两面观赏，不需设背景。一般布置在道路、广场、草地的中央。理想的花境应四季有景可观，同时创造错落有致，花色层次分明、丰富美观的立面景观。

3. 花池和花台

花池和花台是花坛的特殊种植形式。凡种植花卉的种植槽，高者为台，低者为池。花台距地面较高，面积较小，适合近距离观赏，主要表现观赏植物的形姿、花色，闻其花香，并领略花台本身的造型之美。花池可以种植花木或配置假山小品，是中国传统园林最常用的种植形式。

4. 花带

将花卉植物呈线性布置，形成带状的彩色花卉线。一般布置于道路两侧或草坪中，沿着道路向绿地内侧排列，形成层次丰富的多条色彩效果。

（八）水生植物的种植设计

水生花卉是指生长在水中、沼泽地或潮湿土壤中的观赏植物。它包括草本植物和水生植物。从狭义的角度讲，水生植物是指泽生、水生并具有一定观赏价值的植物。

水生植物不仅是营造水体景观不可或缺的要素，而且在人工湿地废水净化过程中起着重要的作用，水生植物设计时，要根据植物的生态习性，创造一定的水面植物景观，并依据水体大小和周围环境考虑植物的种类和配置方式。若水体小，用同种植物；若水体大，可用几种植物。但应主次分明，布局时应疏密有致，不宜过分集中、分散。水生植物在水中不宜满池布置或环水体一圈设计，应留出一定的水面空间，保证 1/3 的绿化面积即可。水生植物的种植深度一般在 1 米左右，可在水中设种植床、池、缸等，满足植物的种植深度。

（九）攀缘植物的种植设计

攀缘植物指茎干柔弱纤细，自己不能直立向上生长，必须以某种特殊方式攀附于其他植物或物体之上才能正常生长的一类植物。攀缘植物有一二年生的草质藤本、多年生的木质藤本，有落叶类型，也有常绿类型。

攀缘植物种植设计又称垂直绿化，可形成丰富的立体景观。在城市绿化和园林建设中，广泛地应用攀缘植物来装饰街道、林荫道以及挡土墙、围墙、台阶、出入口、灯柱、建筑物墙面、阳台、窗台灯等或用攀缘植物装饰亭子、花架、游廊等。

（十）地被植物的设计

地被植物是指生长得低矮紧密，繁殖力强、覆盖迅速的一类植物。它包括蕨类、球根花卉、宿根花卉、矮生灌木及攀援植物。

地被植物的主要作用是覆盖地表，起到黄土不见天的作用。园林中，地被植物的应用应注重其色彩、质感、紧密程度以及同其他植物的协调性。

草坪是地被植物中应用最为广泛的一类。其主要的功能是为园林绿地提供一个有生命力的底色，因草坪低矮、空旷、统一，能同植物及其他园林要素较好地结合，草坪的应用更为广泛。

草坪的设计类型及应用多种多样。草坪按功能不同，可分为观赏草坪、游憩草坪、体育草坪、护坡草坪、飞机场草坪及放牧草坪；按组成的不同，可分为单一草坪、混合草坪和缀花草坪；按规划设计的形式不同，可分为规则式草坪和自然式草坪。

四、乔木种植注意事项

乔木种植设计时，因乔木分枝点高，不占用人的活动空间，距路面（铺装地）0.5 米以上即可，也可种于场地中间，土层厚度 1 米以上。灌木形体小，分枝点低，会占用人的活动空间。种植时，距铺装路面 1 米以上。

第四节　园林建筑与小品规划设计

一、园林建筑与小品的类型和特点

（一）园林建筑与小品的类型

按园林建筑与小品的使用功能来进行分类，园林建筑与小品大致可分为以下五种类型。

1. 服务性建筑与小品

服务性建筑与小品其使用功能主要是为游人提供一定的服务，兼有一定的观赏作用，如摄影服务部、冷饮室、小卖部、茶馆、餐厅、公用电话亭、栏杆、厕所等。

2. 休息性建筑与小品

休息性建筑与小品也称游憩性建筑与小品，具有较强的公共游憩功能和观赏作用，如亭、台、楼、榭、舫、馆、塔、花架、园椅等。

3. 专用建筑与小品

专用建筑与小品主要是指使用功能较为单一，为满足某些功能而专门设计的建筑和小品，如展览馆、陈列室、博物馆、仓库等。

4. 装饰性建筑与小品

装饰性建筑与小品主要是指具有一定使用功能和装饰作用的小型建筑设施，其类型较多。例如，各种花钵、饰瓶，装饰性的日晷、香炉，各种景墙、景窗等以及结合各类照明的小品，在园林中都起装饰点缀的作用。

5. 展示性建筑与小品

展示性建筑与小品如各种广告板、导游图板、指路标牌以及动物园、植物园、文物古建筑的说明牌、阅报栏、图片画廊等，都对游人有宣传、教育的作用。

（二）园林建筑与小品的特点

1. 园林建筑的特点

园林建筑只是建筑中的一个分支，同其他建筑一样都是为了满足某些物质和精神的功能需要而构造的，但园林建筑在物质和精神功能方面与其他的建筑不一样而表现出以下三个特点。

（1）特殊的功能性

园林建筑主要是为了满足人们的休憩和文化娱乐生活，除了具有一定的使用功能，更需具备一定的观赏性功能。因此，园林建筑的艺术性要求较高，应具有较高的观赏价值并富有诗情画意。

（2）设计灵活性大

园林建筑因受到休憩娱乐生活的多样性和观赏性的影响，在设计时，受约束的强度小，园林建筑从数量、体量、布局地点、材料、颜色等都应具有较强的自由度，使设计的灵活性增强。

（3）园林建筑的风格要与园林的环境相协调

园林建筑是建筑与园林有机结合的产物。在园林中，园林建筑不是孤立存在的，需要与山、水、植物等有机结合，相互协调，共同构成一个具观赏性的景观。

2. 园林建筑小品的特点

（1）具有较强的艺术性和较高的观赏价值

园林建筑小品具有艺术化、景致化的作用，在园林景观中具有较强的装饰性，增添了

园林气氛。

（2）表现形式与内容灵活多样，丰富多彩

园林建筑小品是经过精心加工，艺术处理，其结构和表现形式多种多样，外形变化大，景观艺术丰富多彩。在园林中，能起到画龙点睛和吸引游人视线的作用。

（3）造型简洁、典雅、新颖

园林建筑小品形体小巧玲珑，形式活泼多样，姿态千差万别，且由于现代科学技术水平的提高，使得建筑小品的造型及特点越来越多。园林建筑小品造型上要充分考虑与周围环境的特异性，要富有情趣。

二、园林建筑与小品的功能和作用

（一）园林建筑与小品的使用功能

园林建筑与小品是供人们使用的设施，具有使用功能，如休憩、遮风避雨、饮食、体育活动、文化活动等。

（二）园林建筑与小品的景观功能

园林建筑与小品在园林绿地中作为景观，起着重要的作用，可作为园林的构图中心，是主景，起到点景的作用，如亭、水榭等；可作为点缀，烘托园林主景，起配景或辅助作用，如栏杆、灯等；园林建筑还可分隔、围合或组织空间，将园林划分为若干空间层次；园林建筑也可起到导与引的作用，有序组织游人对景物的观赏。

三、园林建筑与小品的设计原则

园林建筑与小品的艺术布局内容广泛，在设计时应与其他要素结合，根据绿地的要求设计出不同特色的景点，注意造型、色彩、形式等的变化。在具体设计时，应注意遵循以下原则：

（一）满足使用功能的需要

园林建筑与小品的功能是多种多样的，它对游人的作用非常大，可以满足游人浏览活动时进行的一些活动，缺少了它们将会给游人带来很多不方便，如小卖部、园椅桌、厕所等。

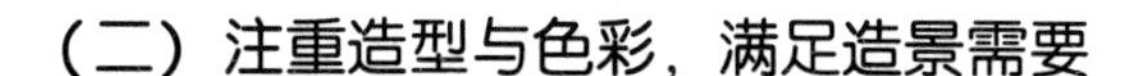

（二）注重造型与色彩，满足造景需要

园林建筑与小品设计时灵活多变，不拘泥于特定的框架，首先可根据需要来自由发挥、灵活布局。其布局位置、色彩、造型、体量、比例、质感等均应符合景观的需要，注重园林建筑与小品的造型和色彩，增强建筑与小品本身的美观和艺术性。其次也能利用建筑与小品来组织空间、组织画面，丰富层次，达到良好的效果。

（三）注重园林建筑小品的立意与布局，与绿地艺术形式相协调

园林绿地艺术布局的形式各不相同，园林建筑与小品应与其相协调，做到情景交融。要与各个国家、各个地区的历史、文化等相结合，表达一定的意境和情趣。例如，主题雕塑要具有一定的思想内涵，注重情景交融，表现较强的艺术感染力。

（四）注重空间的处理，讲究空间渗透与层次

园林建筑与小品虽然体量小，结构简单，但园林建筑小品中的墙、花架、园桥等在划分空间、空间渗透以及水面空间的处理上具有一定的作用。因此，也要注重园林建筑小品所起的空间作用，讲究空间的序列变化。

四、园林建筑与小品设计

（一）亭

亭是园林中应用较为广泛的园林建筑，已成为我国园林的象征。亭可满足园林游憩的要求，可点缀园林景色，构成景观；可作为游人休息凭眺之所，可防日晒、避雨淋、消暑纳凉、畅览园林景致，深受游人的喜爱。

1. 亭的形式

亭的形式很多，按平面形式，可分为圆形亭、长方形亭、三角形亭、四角形亭、六角形亭、八角形亭、蘑菇亭、伞亭、扇形亭；按屋顶形式，可分为单檐、重檐、三重檐、攒尖顶、歇山顶、平顶；按布置位置，可分山亭、桥亭、半亭、路亭；按其组合不同，可分为单体式、组合式和与廊墙相结合的形式。现代园林多用水泥、钢木等多种材料，制成仿竹、仿松木的亭，有些山地或名胜地，用当地随手可得的树干、树皮、条石构亭，亲切自然，与环境融为一体，更具地方特色，造型丰富，性格多样，具有很好的效果。

2. 亭的设计

亭在园林中常作为对景、借景、点缀风景用，也是人们游览、休息、赏景的最佳处。它主要是为了解决人们在游赏活动的过程中驻足休息、纳凉避雨、纵目眺望的需要，在使用功能上没有严格的要求。

（1）山上建亭

山上建亭丰富了山体轮廓，使山色更有生气。常选择的位置有山巅、山腰台地、悬崖峭峰、山坡侧旁、山洞洞口、山谷溪涧等处。亭与山的结合可以共筑成景，成为一种山景的标志。亭立于山顶可升高视点俯瞰山下景色，如北京香山公园的香炉峰上的重阳阁方亭。亭建于山坡可作背景，如颐和园万寿山前坡佛香阁两侧有各种亭对称布置，甚为壮观。山中置亭有幽静深邃的意境，如北京植物园内拙山亭。山上建亭有的是为了与山下的建筑取得呼应，共同形成更美的空间。只要选址得当、形体合宜，山与亭相结合能形成特有的景观。颐和园和承德避暑山庄全园大约有 1/3 数量的亭子建在山上，取得了很好的效果。

（2）临水建亭

水边设亭，一方面是为了观赏水面的景色；另一方面也可丰富水景效果。临水的岸边、水边石矶、水中小岛、桥梁之上等都可设亭。

水面设亭一般应尽量贴近水面，宜低不宜高，可三面或四面临水。凸出水中或完全驾临于水面之上的亭，也常立基于岛、半岛或水中石台之上，以堤、桥与岸相连。为了造成亭子有漂浮于水面的感觉，设计时还应尽可能把亭子下部的柱墩缩到挑出的底板边缘的后面去或选用天然的石料包住混凝土柱墩，并在亭边的沿岸和水中散置叠石，以增添自然情趣。

（3）平地建亭

平地建亭，位置随意，一般建于道路的交叉口上、路侧林荫之间。有的被一片花木山石所环绕，形成一个小的私密性空间环境；有的在自然风景区的路旁或路中筑亭作为进入主要景区的标志。充分体现休息、纳凉和游览的作用。

3. 亭与植物结合

亭与园林植物结合通常能产生较好的效果。亭旁种植植物应有疏有密，精心配置，不可蕹塞，要有一定的欣赏、活动空间。山顶植树更须留出从亭往外看的视线。

4. 亭与建筑的结合

亭可与建筑相连，亭也可与建筑分离，作为一个独立的单体存在。把亭置于建筑群的一角，使建筑组合更加活泼生动。亭还经常设立于密林深处、庭院一角、花间林中、草坪

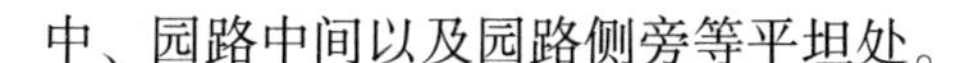

中、园路中间以及园路侧旁等平坦处。

（二）廊

廊是有顶盖的游览通道。廊具有联系功能，将园林中各景区、景点连成有序的整体；廊可分隔并围合空间；可调节游园路线；廊还有防雨淋、躲避日晒的作用，形成休憩、赏景的佳境廊。

1. 廊的形式

廊根据立面造型，可分为空廊（双面空廊）、半廊（单面空廊）、复廊、双层廊（又称复道阁廊）等；根据平面形式，可分为直廊、曲廊（波折廊）和回廊；根据位置不同，可分为平地廊、爬山廊和水廊。

2. 廊的设计

在园林的平地、水边、山坡等各种不同的地段上都可建廊。由于不同的地形与环境，其作用及要求也各不相同。

（1）平地建廊

常建于草坪一角、休息广场中、大门出入口附近，也可沿园路或用来覆盖园路或与建筑相连等。

（2）水边或水上建廊

水边或水上建廊一般称为水廊，供欣赏水景及联系水上建筑之用，形成以水景为主的空间。

（3）山地建廊

供游山观景和联系山坡上下不同标高的建筑物之用，也可借以丰富山地建筑的空间构图。爬山廊有的位于山之斜坡，有的依山势蜿蜒转折而上。

（三）榭

榭是园林中游憩建筑之一，建于水边，故也称“水榭”。榭一般借助周围景色而构成，面山对水，望云赏月，借景而生，有观景和休息的作用。

1. 榭的形式

榭的结构依照自然环境的不同有各种形式。它的基本形式是在水边架起一个平台，平台一半伸入水中（将基部石梁柱伸入水中，上部建筑形体轻巧，似凌驾于水上），一半架立于岸边，平面四周以低平的栏杆相围绕，然后在平台上建起一个单体建筑物，其临水一侧特别开敞，成为人们在水边的一个重要休息场所。例如，苏州拙政园的“芙蓉榭”，网师园的“濯缨水阁”等。榭与水体的结合方式有多种，有一面临水、两面临水、三面临水以及四面临水（有桥与湖岸相接）等形式。

2. 榭的设计

水榭位置宜选择在水面有景可借之处，同时要考虑对景、借景的安排，建筑及平台尽量低临水面。如果建筑或地面离水面较高时，可将地面或平台做下沉处理，以取得低临水面的效果。榭的建筑要开朗、明快，要求视线开阔。

（四）舫

舫是建于水边的船形建筑。主要供人们在内游玩饮宴，观赏水景，会有身临其中之感。舫一般由三部分组成：前舱较高，设坐槛、椅靠；中舱略低，筑矮墙；尾舱最高，多为两层，以作远眺，内有梯直上。舫的前半部多三面临水，船首一侧常设有平桥与岸相连，仿跳板之意。通常下部船体用石建，上部船舱则多木结构。由于像船但不能动，故也名“不系舟”，也称旱船。例如，苏州拙政园的“香洲”、怡园的“画舫斋”、北京颐和园的石舫等都是较好的实例。

舫的选址宜在水面开阔处，既可使视野开阔，又可使舫的造型较完整地体现出来，并注意水面的清洁，避免设在容易积污垢的水区。

（五）花架

花架是攀缘植物攀爬的棚架，又是人们消夏、避荫的场所。花架的形式主要有单片花架、独立花架、直廊式花架、组合式花架。

花架在造园设计中通常具有亭、廊的作用。做长线布置时，就像游廊一样能发挥建筑空间的脉络作用，形成导游路线。同时，可用来划分空间，增加风景的深度。做点状布置时，就像亭子一样，形成观赏点。

在花架设计的过程中，应注意环境与土壤条件，使其适应植物的生长要求。要考虑到没有植物的情况下，花架也具有良好的景观效果。

（六）园门、园窗、园墙

1. 园门

园门有指示导游和点缀装饰作用，园门形态各异，有圆形、六角形、八角形、横长、直长、桃形、瓶形等形状。如在分隔景区的院墙上，常用简洁且直径较大的圆洞门或八角形洞门，便于人流通行；在廊及小庭院等小空间处所设置的园门，多采用较小的秋叶瓶、直长等轻巧玲珑的形式，同时门后常置以峰石、芭蕉、翠竹等构成优美的园林框景或对景。

2. 园窗

园窗一般有空窗和漏窗两种形式。空窗是指不装窗扇的窗洞，它除能采光外，常作为框景，与园门景观设计相似，其后常设置石峰、竹丛、芭蕉之类，通过空窗，形成一幅幅绝妙的图画，使游人在游赏中不断获得新的画面感受。空窗还有使空间相互渗透，增加景深的作用。它的形式有很多，如长方形、六角形、瓶形、圆形、扇形等。

漏窗可用以分隔景区空间，使空间似隔非隔，景物若隐若现，起到虚中有实，实中有虚，隔而不断的艺术效果，而漏窗自身有景，逗人喜爱。漏窗窗框形式繁多，有长方形、圆形、六角形、八角形、扇形等。

3. 园墙

园墙在园林建筑中一般是指围墙和屏壁（照壁），也称景墙。它们主要用于分隔空间、丰富景致层次及控制、引导游览路线等，是空间构图的一项重要手段。园墙的形式很多，如云墙、梯形墙、白粉墙、水花墙、漏明墙、虎皮石墙等。景墙也可作背景，景墙的色彩、质感既要有对比，又要协调；既要醒目，又要调和。

（七）雕塑

雕塑是指具有观赏性的小品雕塑，主要以观赏和装饰为主。它不同于一般的大型纪念性雕塑。园林绿地中的雕塑有助于表现园林主题、点缀装饰风景、丰富游览内容的作用。

1. 雕塑类型

雕塑按性质不同，可分为纪念性雕塑，多布置在纪念性园林绿地中；主题性雕塑，有明确的创作主题，多布置在一般园林绿地中；装饰性雕塑，以动植物或山石为素材，多布置在一般园林绿地中。按照形象不同，可分为人物雕塑、动物雕塑、抽象雕塑、场景雕塑等。

2. 雕塑的设计

雕塑一般设立在园林主轴线上或风景透视线的范围内，也可将雕塑建立于广场、草坪、桥畔、山麓、堤坝旁等。雕塑既可孤立设置，也可与水池、喷泉等搭配。有时，雕塑后方可密植常绿树丛，作为衬托，则更使所塑形象特别鲜明突出。

园林雕塑的设计和取材应与园林建筑环境相协调，要有统一的构思，使雕塑成为园林环境中一个有机的组成部分。雕塑的平面位置、体量大小、色彩、质感等都要进行全面的考虑。

（八）园桥

园桥是园林风景景观的一个重要组成部分。它具有三重作用：一是悬空的道路，起组织游览线路和交通的功能，并可交换游人景观的视觉角度；二是凌空的建筑，点缀水景，本身就是园林一景，可供游人赏景、游憩；三是分隔水面，增加水景层次。

1. 园桥的种类

园桥因构筑材料不同，可分为石桥、木桥、钢筋混凝土桥等；根据结构不同，又有梁式与拱式、单跨与多跨之分，其中拱桥又有单曲拱桥和双曲拱桥两种；按形式不同，可分为贴临水面的平桥、起伏带孔的拱桥、曲折变化的曲桥，及有桥上架屋的亭桥、廊桥等。

2. 园桥的设计

园桥的设计要注意以下几点：桥的造型、体量应与园林环境、水体大小相协调。桥与岸相接处要处理得当，以免生硬呆板。桥应与园林道路系统配合，以起到联系游览线路和观景的作用。

（九）园椅、园桌、园凳

园椅、园凳可供人休息、赏景之用。同时，这些桌椅本身的艺术造型也能装点园林景色。园椅一般布置在人流较多、景色优美的地方，如树荫下、水池、路旁、广场、花坛等游人需停留休息的地方。有时，还可设置园桌，供游人休息娱乐用。

园椅、园凳设计时，应尽量做到构造简单、坚固舒适、造型美观，易清洁，耐日晒雨淋，其图案、色彩、风格要与环境相协调。常见形式有直线长方形、方形，曲线环形、圆形，直线加曲线以及仿生与模拟形等。此外，还有多边形或组合形，也可与花台、园灯、假山等结合布置。

（十）园灯

园灯既有照明功能又有点缀园林环境的功能。园灯一般宜设在出入口、广场、交通要道、园路两侧、台阶、桥梁、建筑物周围、水景、喷泉、水池、雕塑、花坛、草坪边缘等。园灯的造型不宜复杂，切忌施加烦琐的装饰，通常以简单的对称式为主。

（十一）栏杆

栏杆是由外形美观的短柱和图案花纹，按一定间隔（距离）排成栅栏状的构筑物。栏杆在园林中主要起防护、分隔作用，同时利用其节奏感，发挥装饰园景的作用。有的台地栏杆可做成坐凳形式，既可防护，又供休息。

栏杆的造型须与环境协调，在雄伟的建筑环境内，须配坚实而具庄重感的栏杆；在花坛边缘或园路边可配灵活轻巧、生动活泼的修饰性栏杆。栏杆的高度随环境和功能要求的不同，有较大的变化。设在台阶、坡地的一般防护栏杆高度可为85~95厘米；但在悬崖峭壁的防护栏杆，高度应在人的重心以上，为1.1~1.2米；广场花坛旁栏杆，不宜超过30厘米；设在水边、坡地的栏杆，高度为60~85厘米；坐凳式栏杆凳的高度以40~45厘米为宜。

（十二）宣传牌、宣传廊

宣传廊、宣传牌主要用于展览和宣传。它具有形式灵活多样，体型轻巧玲珑，占地少以及造价低廉和美化环境等特点，适于各类园林绿地中布置。

宣传廊、宣传牌一般设置在游人停留较多之处，但又不可妨碍行人来往，故须设在人流路线之外，廊、牌前应留有一定空地，作为观众参观展品的空间。它们可与挡土墙、围墙结合或与花坛、花台相结合。宣传廊、宣传牌的高度多为2.2~2.4米，其上下边线宜为1.2~2.2米。

（十三）其他公用类建筑设施

其他公用类建筑设施主要包括电话、通信、导游、路标、停车场、存车处，供电及照明、供水及排水设施以及标志物、果皮箱、饮水站、厕所等。

第五章 园林绿化工程

第一节 栽植基础工程

栽植基础分部工程可分为土壤处理工程，重盐碱地、重黏土地土壤改良工程，设施顶面栽植基层（盘）工程，坡面绿化防护栽植基层工程，水湿生植物栽植槽工程，垂直绿化工程等子分部工程。土壤处理分部子工程，可分为栽植土、栽植前场地清理、栽植土回填及地形造型、栽植土施肥和表层整理等分项工程。

一、栽植土工程

（一）施工要点

察看工地现场，掌握原土情况（土方高程、厚度、地下水位、理化性质初步判断、测定，并确定是否换土，渣土去向，需土量等）、原有地下管线、隔层情况、隔层破除方案。寻找土源，并进行理化性质测定。了解地上物的情况、处理程度等。了解现场水源情况，须布置养护管线的，确定方案，并与进土方案相协调。了解新建城市综合管线情况，并与相关单位协调，催促完成土方施工前地下管线工程。做好进土方案，包括相关手续的办理、涉及各方的沟通、场内外交通的组织、临时便道的设置、机械车辆的选择等。

（二）质量要点

土壤是园林植物生长的基础，在施工前进行土壤化验，根据化验结果，采取土壤改良、施肥、置换客土等措施，改善土壤理化性质。土壤有效土层厚度影响园林植物的根系生长和成活，必须满足其生长和成活的最低土层厚度。土壤中有害物质必须清除，不透水层进行处理，以达到通透。造型胎土可采用较大比例的黏土，面层土可用较大比例的沙土。

（三）质量验收

1. 强制性条文

栽植基础严禁使用含有有害成分的土壤，除有设施空间绿化等特殊隔离地带，绿化栽植土壤有效土层下不得有不透水层。

2. 主控项目

园林植物栽植土应包括客土、原土、栽植基质等，栽植土应符合下列规定：

土壤 pH 值应符合本地区栽植土标准或按 pH 值 5.6～8.0 进行选择。土壤全含盐量应为 0.1%～0.3%。土壤密度应为 $1.0g/cm^3$～$1.35g/cm^3$。

3. 一般项目

（1）绿化栽植或播种前应对该地区的土壤理化性质进行化验分析，采取相应的土壤改良、施肥和置换客土等措施。（2）土壤有机质含量不应小于 1.5%。（3）土壤块径不应大于 5cm。

二、栽植前场地清理工程

（一）施工要点

城市综合管线、建（构）筑物已经完工并验收合格。清除土建、市政施工的遗留物（如垂直运输基础、硬化地坪等）。清除原有废弃建（构）筑物及其基础。组织好与现场实际相匹配的机械设备、运输车辆，了解好渣土倾倒点，注意车辆进出工地的清洗，车辆运输途中注意车速，避免扬尘。对场内的原有大树进行保护。

（二）质量要点

将现场内的渣土、工程废料、宿根性杂草、树根及其他有害污染物清除干净。对清理的废弃构筑物、工程渣土、不符合栽植土理化标准的原状土等做好测量记录、签认。场地标高及清理程度应符合设计和栽植要求。场地开挖后的高程按植物最低有效土层厚度的要求和成型后的高程来确定。

（三）质量验收

1. 主控项目

绿化栽植前场地清理应符合下列规定：

应将现场内的渣土、工程废料、宿根性杂草、树根及其他有害污染物清除干净。场地标高及清理程度应符合设计和栽植要求。

2. 一般项目

填垫范围内不应有坑洼、积水。对软泥和不透水层应进行处理。

（四）安全要点

挖机操作人员必须身体健康，经过有关部门的安全作业培训、考试，取得相应的操作证方可上岗。不准无证操作。在作业过程中，应集中精力，正确操作，注意挖机的运作情况，不得擅自离开工作岗位或将机械交给其他无证人员操作，严禁酒后作业。作业中必须有专人指挥，指挥人员必须站在机械的前方进行指挥作业，斗臂活动半径范围内严禁站人。

三、栽植土回填及地形造型工程

（一）施工要点

根据现场各区块的土盈缺量、通道的情况，确定倒土点、倒土量及土的翻运走向。根据现场实际，确定经济合理的作业模式，如挖填运，以及机械的选择，如运土距离在 10m 左右可用中大型挖机翻土，距离在 50m 内可采用推土机，距离在 50m 以上一般采用运输车短驳等作业模式。造型胎土可采用比例偏大的黏土，面层栽植土可用比例偏大的沙土。栽植土回填在道路基础、铺装等分项之前施工时，先确定好路牙石、铺装成型面边线的位置、高程，并打桩拉线，以此作为参照线进行地形营造。少量的无污染的块石、砖块，在无地下管线处进行深埋处理。回填土分层适度夯实，或自然沉降达到基本稳定，严禁用机械反复碾压。

（二）质量要点

地形造型的测量放线工作应做好记录、签认。造型胎土、面层栽植土符合设计要求，并有检测报告。地型造型尺寸和高程允许偏差符合规范标准。土方造型坡度在安息角范围之间。地形造型按竖向图的要求，并按造景的开合要求、现场空间的实际情况，参考自然界山、坡地的原生态结构，营造地型丰富、起伏自然、峰谷线条顺畅、坡度舒适宜人的地型。

（三）质量验收

1. 主控项目

栽植土回填及地形造型应符合下列规定：

造型胎土、栽植土应符合设计要求并有检测报告。回填土及地形造型的范围、厚度、标高、造型及坡度均应符合设计要求。

2. 一般项目

回填土壤应分层适度夯实，或自然沉降达到基本稳定，严禁用机械反复碾压。地形造型应顺畅自然。地形造型尺寸和高程允许偏差应符合相关规定。

（四）安全要点

挖机操作人员必须身体健康，经过有关部门的安全作业培训、考试，取得相应的操作证方可上岗。不准无证操作。在作业过程中，应集中精力，正确操作，注意挖机的运作情况，不得擅自离开工作岗位或将机械交给其他无证人员操作，严禁酒后作业。作业中必须有专人指挥，指挥人员必须站在机械的前方进行指挥作业，斗臂活动半径范围内严禁站人。

四、栽植土施肥和表层整理工程

（一）施工要点

整地在粗整完成后，若需景石点缀施工的可先行进行，再机械配合进行大乔木种植，最后才进行表面整地。整地须分多次进行：在乔灌木种植结束、准备地被植物以前，将种植土再次充分细整；小灌木种植完毕后，在草坪种植区域，按草坪种植的土方要求进行最后一次土方表层整理。表层栽植土表层不得有明显低洼和积水处，花坛、花境栽植地30cm深的表土层必须疏松。有机肥应充分腐熟方可使用。

（二）质量要点

栽植土的表层应整洁，石砾、杂草等含量，土块粒径符合规范要求。商品肥应有产品合格证明，或已经过试验证明符合要求。施用无机肥料应测定绿地土壤有效养分含量，并宜采用缓释性无机肥。栽植土表层与道路（挡土墙或侧石）接壤处，栽植土应低于侧石3~5cm；栽植土与边口线基本平直。

（三）质量验收

1. 主控项目

栽植土施肥应符合下列规定：

商品肥料应有产品合格证明，或已经过试验证明符合要求。有机肥应充分腐熟方可使用。施用无机肥料应测定绿地土壤有效养分含量，并宜采用缓释性无机肥。

2. 一般项目

栽植土表层整理应按下列方式进行：

栽植土表层不得有明显低洼和积水处，花坛、花境栽植地30cm深的表土层必须疏松。栽植土的表层应整洁，所含石砾中粒径大于3cm的不得超过10%，粒径小于2.5cm的不得超过20%，杂草等杂物不应超过10%。栽植土表层与道路（挡土墙或侧石）接壤处，栽植土应低于侧石3~5cm；栽植土与边口线基本平直。栽植土表层整地后应平整略有坡度，当无设计要求时，其坡度宜为0.3%~0.5%。

五、设施顶面耐根穿刺防水层工程

（一）施工要点

设施顶面施工前，应对顶面基层进行蓄水试验及找平的质量进行验收。

（二）质量要点

耐根穿刺防水层的材料品种、规格、性能应符合设计及相关标准要求。耐根穿刺防水层材料应见证抽样复验。

（三）质量验收

1. 强制性条文

设施顶面绿化栽植基层（盘）应有良好的防水排灌系统，防水层不得渗漏。

2. 主控项目

卷材接缝应牢固、严密，符合设计要求；施工完成应进行蓄水或淋水试验，24h内不得有渗漏或积水。

3. 一般项目

耐根穿刺防水层的细部构造、密封材料嵌填应密实饱满，黏结牢固且无气泡、开裂等缺陷。立面防水层应收头入槽，封严。成品应注意保护，施工现场不得堵塞排水口。

六、设施顶面排蓄水层工程

（一）施工要点

采用卵石、陶粒等材料铺设排蓄水层的，其铺设厚度应符合设计要求。卵石应大小均匀；屋顶绿化采用卵石排水的，粒径应为3~5cm；地下设施覆土绿化采用卵石排水的，粒径应为3~5cm。

（二）质量要点

凹凸形塑料排蓄水板厚度、顺槎搭接宽度应符合设计要求，设计无要求时，搭接宽度应大于15cm。

（三）质量验收

四周设置明沟的，排蓄水层应铺至明沟边缘。挡土墙下设排水管的，排水管与天沟或落水口应合理搭接，坡度适当。

七、设施顶面过滤水层工程

（一）施工要点

采用单层卷状聚丙烯或聚酯无纺布材料，单位面积质量必须大于150g/m²，搭接缝的有效宽度应达到10~20cm。采用双层组合卷状材料：上层蓄水棉，单位面积质量应达到200~300g/m²；下层无纺布材料，单位面积质量应达到100~150g/m²；卷材铺设在排（蓄）水层上，向栽植地四周延伸，高度与种植层齐高，端部收头应用胶粘剂黏结，黏结宽度不得小于5cm，或用金属条固定。

（二）质量要点

过滤层的材料规格、品种应符合设计要求。栽植土层应符合规范要求。

八、设施过滤障碍性面层栽植基盘工程

（一）施工要点

透水、排水、透气、渗管等构造材料和栽植土（基质）应符合栽植要求。障碍性层面栽植基盘的透水、透气系统或结构性能良好，浇灌水后无积水，雨期无沥涝。

（二）质量要点

施工做法应符合设计和规范要求。

九、坡面绿化防护栽植层工程

（一）施工要点

进行坡面绿化时，防止水土流失，措施必须到位。喷射基质不应剥落；栽植土或基质表面无明显沟蚀、流失；栽植土（基质）的肥效不得少于 3 个月。喷播宜在植物生长期进行；喷播前检查锚杆网片固定情况，清理坡面。喷播应从下到上依次进行。播种覆盖应均匀无漏，喷播厚度均匀一致。在强降雨季节喷播应注意覆盖。

（二）质量要点

用于坡面栽植层的栽植土（基质）理化性状应符合规定。混凝土格构、固土网垫、格栅、土工合成材料、喷射基质等施工做法应符合设计和规范要求。

十、重盐碱（重黏土）土壤改良工程排盐（渗水）管沟隔淋（渗水）层开槽工程

（一）施工要点

土壤全盐含量大于或等于 0.5%的重盐碱地和土壤重黏地区的绿化栽植工程应实施土壤改良。

（二）质量要点

排盐（渗水）沟断面和填埋材料应符合设计要求。

（三）质量验收

1. 主控项目

开槽范围、槽底高程应符合设计要求，槽底应高于地下水标高。槽底不得有淤泥、软土层。

2. 一般项目

槽底应找平和适度压实，槽底标高和平整度允许偏差应符合相关规定。

十一、排盐（渗水）管敷设工程

（一）施工要点

排盐（渗水）管的连接，排盐（渗水）管与观察井的连接，末端排盐（渗水）管的封堵，应符合设计要求。

（二）质量要点

隔淋（渗水）层的材料及铺设厚度应符合设计要求。雨后检查积水情况。对雨后24h仍有积水地段，应增设渗水井与隔淋层相通。

（三）质量验收

1. 主控项目

排盐（渗水）管敷设走向、长度、间距及过路管的处理应符合设计要求。管材规格、性能符合设计和使用功能要求，并有出厂合格证。排盐（渗水）管应通顺有效，主排盐（渗水）管应与外界市政排水管网接通，终端管底标高应高于排水管管中15cm以上。

2. 一般项目

排盐（渗水）沟断面和填埋材料应符合设计要求。排盐（渗水）管、观察井允许偏差应符合规定。

十二、隔淋（渗水）层工程

（一）施工要点

石屑淋层材料中石粉和泥土含量不得超过10%，其他隔淋（渗水）层材料中也不得掺杂黏土、石灰等黏结物。

（二）质量要点

隔淋（渗水）层铺设厚度允许偏差应符合规范规定。

（三）质量验收

1. 主控项目

铺设隔淋（渗水）层时，不得损坏排盐（渗水）管。

2. 一般项目

隔淋（渗水）层铺设厚度允许偏差应符合相关规定。

十三、水湿生植物栽植槽工程

（一）施工要点

栽植槽土层厚度应符合设计要求，无设计要求的应大于 50cm。槽内不宜采用轻质土或栽培基质。水湿生植物土壤与原生态生长环境相近。

（二）质量要点

栽植槽的材料、结构、防渗应符合设计要求。水湿生植物土壤指标接近原生态土壤指标。

十四、水湿生植物栽植土工程

（一）施工要点

栽植槽土层厚度应符合设计要求，无设计要求的应大于 50cm。水湿生植物土壤与原生态生长环境相近。

（二）质量要点

对污染土壤进行消毒。

（三）质量验收

1. 强制性条文

水湿生植物栽植地的土壤质量不良时，应更换合格的栽植土，使用的栽植土和肥料不得污染水源。水湿生植物的病虫害防治应采用生物和物理防治方法，严禁药物污染水源。

2. 主控项目

栽植槽的材料、结构、防渗应符合设计要求。槽内不宜采用轻质土或栽培基质。

第二节 栽植工程

一、植物材料工程

（一）施工要点

品种、规格符合设计及规范要求。对外省市及国外苗木进行检疫，防止病虫害的传入。

（二）质量要点

苗木的姿态符合设计要求，生长势健旺。苗木的高度、冠形、土球、裸根苗的根幅，在规范偏差范围内。

（三）质量验收

1. 强制性条文

严禁使用带有严重病虫害的植物材料，非检疫对象的病虫害危害程度或危害痕迹不得超过树体的5%～10%。自外省市及国外引进的植物材料应有植物检疫证。

2. 一般项目

植物材料的外观质量要求和检验方法应符合相关规定。植物材料规格允许偏差和检验方法有约定的应符合约定要求。

二、栽植穴、槽工程

（一）施工要点

为防止挖掘栽植穴、槽时，损坏地下管线等设施，事先向有关部门了解地下综合城市管网情况。栽植穴、槽与各类管线保持一定距离。栽植穴、槽放线符合设计要求及规范规定。树木定点遇到有障碍物时，与设计联系，进行适当调整。栽植穴、槽挖出的表层土和底土应分别堆放，底部应施基肥并回填表土或改良土。种植大树时，可采用挖掘机挖穴。挖穴前了解现场的管线走向、深度，避开管线。挖穴出土时，土方放于穴两侧，树穴大致挖好后，由人工进行穴壁、穴底的修整。机械作业时，注意作业人员的安全。

（二）质量要点

栽植穴、槽的规格，根据苗木的土球和根幅的大小再加大 40~60cm，确定穴的直径。穴深根据土球厚度及裸根苗根系长度，按当地气候条件的经验深度，再加深 20~30cm，槽应垂直下挖，上口下底相等。

（三）质量验收

1. 主控项目

栽植穴、槽定点放线应符合设计图纸要求，位置应准确，标记明显。栽植穴、槽底部遇有不透水层及重黏土层时，应进行疏松或采取排水措施。

2. 一般项目

栽植穴、槽挖出的表层土和底土应分别堆放，底部应施基肥并回填表土或改良土。

土壤干燥时应于栽植前灌水浸穴、槽。

当土壤密实度大于 1.35g/m^3 或渗透参数小于 $10^{-4}cm/s$ 时，应采取扩大树穴、疏松土壤等措施。

三、苗木运输与假植工程

（一）施工要点

苗木装卸，须保护好土球、根系及树体，使用机械时，注意起吊点及吊索绑扎方式，以保护树体为宗旨，尤其是树体树汁已经流动的季节里。起吊设备和车辆处于正常安全的状况，满足苗木起吊、运输要求。苗木装运前，视情况可适当修剪。苗木到场后，按品种、规格集中堆放；当天不能栽植的，及时进行假植。

（二）质量要点

苗木应在圃里卷杆，保护树干。装卸时，轻取轻放，不得损伤树体、土球及根系。运输途中，采取覆盖、适当补水等措施，保持根部、树体湿润。

（三）质量验收

1. 强制性条文

运输吊装苗木的机具和车辆工作吨位，必须满足苗木吊装、运输的需要，并应制定相应的安全操作措施。

2. 主控项目

运输吊装苗木的机具和车辆工作吨位，必须满足苗木吊装、运输的需要，并应制定相应的安全操作措施。

3. 一般项目

裸根苗木运输时，应进行覆盖，保持根部湿润。装车、运输、卸车时不得损伤苗木。带土球苗木装车和运输时排列顺序应合理，捆绑稳固，卸车时应轻取轻放，不得损伤苗木及散球。苗木假植应符合下列规定：①裸根苗可在栽植现场附近选择适合地点，根据根幅大小，挖假植沟假植。假植时间较长时，根系应用湿土埋严，不得透风，根系不得透水。②带土球苗木的假植，可将苗木码放整齐，土球四周培土，喷水保持土球湿润。

（四）安全要点

装车时树根必须在车头部位，树冠在车尾部位，泥球要垫稳，树身与车板接触处，必须垫软物，并作固定。路途远，气候过冷、风大或过热时，根部必须盖草包等物进行保护。

四、苗木修剪工程

（一）施工要点

栽植前，对苗木根部和树冠进行修剪，以保持树体地上、地下部位的水代谢平衡，提高栽植成活率。苗木应先剪去损伤断枝、枯枝、严重病虫枝等，再剪去重叠枝、内膛枝、徒长枝等，以保持原树外型轮廓为原则，先锯大枝，再剪小枝，锯剪结合。枝条应从基部剪除，不留木橛，剪口平滑，不得劈裂。修剪强度视树种、季节温湿度、土球状况而定；高温季节、土球状况不佳时修剪强度加大。乔灌木修剪时保证单株、多株或树丛的构图优美；单株的树高与冠形外型比例恰当，树丛中树与树之间拥挤度适当，高差尺度协调，轮廓清晰。绿篱、色块、造型苗木，在种植后应按设计要求，整形修剪。

（二）质量要点

1. 落叶乔木修剪

具有明显的主轴干的，保持原有主尖和树形，适当疏枝，对保留的主侧枝应在健壮芽上部短截，可剪去枝条数量的1/5～1/3。因整体构图需要，须降低树木高度时，先确定顶枝高度，以原有主尖树形为轮廓外形，分别截短各侧枝，截短处留有次级分枝为佳。无明显中央领导干的，可对主枝的侧枝进行短截或疏枝并保持原树形。行道树乔木定干高宜为2. 8～3. 5m，第一分枝点以下枝条全部剪除，同一条道路上相邻树木高度应基本统一。

2. 常绿乔木修剪

阔叶乔木具有圆头形树冠的可适量疏枝。松树类苗木宜以疏枝为主，剪去每轮中过多的主枝，修剪时枝条基部留1～2cm木橛。柏类苗木不宜修剪，如有双头或竞争枝、病虫枝、枯死枝应剪除。

3. 灌木

有明显主干型的，修剪保持原有树型，主枝分布均匀，主枝短截长度适当。

4. 丛枝型灌木

预留枝条宜大于30cm。多干型灌木不宜疏枝。

5. 藤本类

苗木应剪除枯死枝、病虫枝、过长枝。

（三）质量验收

1. 主控项目

苗木修剪整形应符合设计要求，当无要求时，修剪整形应保持原树形。

苗木应无损伤断枝、枯枝、严重病虫枝等。

2. 一般项目

落叶树木的枝条应从基部剪除，不留木橛，剪口平滑，不得劈裂。枝条短截时应留外芽，剪口应距留芽位置上方0. 5cm。修剪直径2cm以上大枝及粗根时，截口应削平并涂防腐剂。

(四) 安全要点

上树修剪人员必须戴安全帽和系安全带，禁止穿硬底鞋、拖鞋、高跟鞋以及带钉或易滑的各种鞋；禁止雨天、雪天和大风等恶劣天气从事上树修剪作业；禁止上下同时垂直作业。

五、苗木栽植工程

(一) 施工要点

1. 苗木种植，进行质量控制，提高苗木成活率

带土球树木栽植前应去除土球不易降解的包装物。栽植时应注意观赏面的合理朝向，树形丰满的一面应面向观赏点。树木栽植深度应与原种植线持平。栽植树木回填的栽植土应分层捣实。

2. 群落组团种植中

苗木放入种植穴后，注意观察位置的合理程度，做适当调整。

3. 苗木栽植后及时做围堰、支撑、浇水

浇水时，须保证水质质量。华北地区，一般浇水 3 遍进行封穴，南方地区苗木种植浇水后，视天气情况进行补水；对浇水后出现的树木倾斜，应及时扶正，并加以固定。

4. 树木支撑物、牵拉物的强度保证支撑坚固、有效，并保护好树体

用软牵拉固定时应设置警示标志。支撑要求美观，扁担撑应平行于人行走方向。

5. 非种植季节栽植苗木时

须带土球栽植或采用容器苗，采取疏枝、强剪、摘叶等措施；干旱地区可采取浸穴、苗木根部用生根激素处理等措施。

6. 广场、人行道栽植树木时

应铺设透气铺装，加设护栏。

(二) 质量要点

树木栽植后，应在栽植穴周围筑高 10~20cm 围堰，堰应筑实。在浇透水后及时封堰。浇水水质进行检测，符合国家标准规定。

（三）质量验收

1. 主控项目

栽植的树木品种、规格、位置应符合设计规定。除特殊景观树外，树木栽植应保持直立，不得倾斜。行道树或行列栽植的树木应在一条线上，相邻植株规格应合理搭配。树木栽植成活率不应低于95%；名贵树木栽植成活率应达到100%。

2. 一般项目

绿篱及色块栽植时，株行距、苗木高度、冠幅大小应均匀搭配，树形丰满的一面应向外。非种植季节进行树木栽植时，应根据不同情况采取下列措施：①苗木可提前进行环状断根处理或在适宜季节起苗，用容器假植，带土球栽植。②落叶乔木、灌木类应进行适当修剪并应保持原树冠形态，剪除部分侧枝，保留的侧枝应进行短截，并适当加大土球体积。③可摘叶的应摘去部分叶片，但不得伤害幼芽。④夏季可采取遮阴、树木裹干保湿、树冠喷雾或喷施抗蒸腾剂，减少水分蒸发；冬季应采取防风防寒措施。⑤掘苗时根部可喷布促进生根激素，栽植时可施加保水剂，栽植后树体可注射营养剂。⑥苗木栽植宜在阴雨天或傍晚进行。

干旱地区或干旱季节，树木栽植应大力推广抗蒸腾剂、防腐促根、免修剪、营养液滴注等新技术，采用土球苗，加强水分管理等措施。

六、竹类栽植工程

（一）施工要点

挖掘选择植株健壮，根系发育良好，一、二年生的竹苗。在运输过程中，应进行覆盖，注意根部保鲜，防止失水。栽植前进行修剪，土壤整理改良、栽植方法符合规范要求。竹类栽植后的养护应符合下列规定：第一，栽植后应立柱或横杆互连支撑，严防晃动。第二，栽后应及时浇水。第三，发现露鞭时应进行覆土并及时除草松土，严禁踩踏根、鞭、芽。第四，及时中耕、除草、松土，保证竹苗生长。

（二）质量要点

散生竹必须带鞭，中小型散生竹宜留来鞭20~30cm，去鞭30~40cm。丛生竹挖掘时应在母竹25~30cm的外围，扒开表土，由远至近逐渐挖深，应严防损伤竿基部芽眼，竿基部的须根应尽量保留。栽植穴的规格及间距可根据设计要求及竹蔸大小进行挖掘，丛生竹的栽植穴宜大于根蔸1~2倍；中小型散生竹的栽植穴规格应比鞭根长40~50cm，宽

40~50cm，深20~40cm。竹类栽植，应先将表土填于穴底，深浅适宜，拆除竹苗包装物，将竹蔸入穴，根鞭应舒展，竹鞭在土中深度宜20~25cm；覆土深度宜比母竹原土痕高3~5cm，进行踏实、及时浇水，渗水后覆土。

（三）质量验收

1. 主控项目

（1）竹苗的挖掘应符合下列规定

①散生竹母竹挖掘。

可根据母竹最下一盘枝杈生长方向确定来鞭、去鞭走向进行挖掘。切断竹鞭截面应光滑，不得劈裂。应沿竹鞭两侧挖深40cm，截断母竹底根，挖出的母竹与竹鞭结合应良好，根系完整。

②丛生竹母竹挖掘。

在母竹一侧应找准母竹竿柄与老竹竿基的连接点，切断母竹竿柄，连蔸一起挖起，切断操作时，不得劈裂竿柄、竿基。每蔸分株根数应根据竹种特性及竹竿大小确定母竹竿数，大竹种可单株挖蔸，小竹种可3~5株成墩挖掘。

（2）竹类栽植应符合下列规定

竹类材料品种、规格应符合设计要求。放样定位应准确。栽植地应选择土层深厚、肥沃、疏松、湿润、光照充足，排水良好的壤土（华北地区宜背风向阳）。对较黏重土的土壤及盐碱土应进行换土或土壤改良并符合相关要求。

2. 一般项目

（1）竹类的包装运输应符合下列规定

竹苗应采用软包装进行包扎，并应喷水保湿。竹苗长途运输应篷布遮盖，中途运输应喷水或于根部置放保湿材料。竹苗装卸时应轻装轻放，不得损伤竹竿与竹鞭之间的着生点和鞭芽。

（2）竹类修剪应符合下列规定

散生竹竹苗修剪时，挖出的母竹宜留枝5~7盘，将顶梢剪去，剪口应平滑；不打尖修剪的竹苗栽植后应进行喷水保湿。丛生竹竹苗修剪时，竹竿应留枝2~3盘，应靠近节间斜向将顶梢截除；切口应平滑呈马耳形。

七、草坪及草本地被播种、分栽工程

（一）施工要点

草坪、地被播种必须做好种子的处理、土壤处理，喷水按不同时段的工序要求进行。

草坪和草本地被植物分栽应选择强匍匐茎或强根茎生长习性草种。分栽的植物材料应注意保鲜，不萎蔫。铺设草坪、草卷，应先浇水浸地细整找平，排水坡度适当，不得有低洼积水处。运动场草坪的排水层、渗水层、根系层、草坪层的施工工艺，应符合规范要求。草坪、地被播种宜在植物生长期进行。

（二）质量要点

草坪分栽植物的株行距，每丛的单株数应满足设计要求，设计无明确要求时，可按丛的组行距（15~20）cm×（15~20）cm，成品字形；或以 $1m^2$ 植物材料可按 1∶3~1∶4 的系数进行栽植。在干旱地区或干旱季节，草坪和草本地被植物分栽在栽植前先浇水浸地，浸水深度应达 10cm 以上。运动场草坪的排水层、渗水层、根系层、草坪层的允许偏差，应符合规范要求。

（三）质量验收

1. 主控项目

分栽的植物材料应注意保鲜，不萎蔫。草坪和草本地被的播种、分栽应符合下列规定：①成坪后覆盖度应不低于 95%。②单块裸露面积不大于 25 cm^2。③杂草及病虫害的面积应不大于 5%。

2. 一般项目

栽植后应平整地面，适度压实，立即浇水。

八、喷播种植工程

（一）施工要点

根据坡面实际情况，混凝土格构、锚固、固土网格、土工合成材料、喷射基质等施工做法符合设计要求和规范规定。施工作业由专业施工人员持证操作。喷播前应检查栽植层附着结构的固定情况，并清理坡面。

（二）质量要点

喷播前进行种子发芽率测试，根据种子发芽率计算播种量。喷播宜在植物生长期进行。坡面栽植层的栽植土（基质）理化性质应符合相关要求；喷播基质不应剥落；栽植土或基质表面无明显沟蚀、流失；栽植土（基质）的肥效不得少于 3 个月。

（三）质量验收

1. 主控项目

喷播前应检查锚杆网片固定情况，清理坡面。喷播的种子覆盖料、土壤稳定剂的配合比应符合设计要求。

2. 一般项目

播种覆盖前应均匀无漏，喷播厚度均匀一致。喷播应从上到下依次进行。在强降雨季节喷播时应注意覆盖。

（四）安全要点

开工前必须对施工队伍进行书面的安全交底，注明施工中应注意的事宜与禁止事项。多工种作业时，必须设专人负责，统一指挥，相互配合。所有进入施工现场人员，必须按规定佩戴安全帽和系安全带等个人劳动保护用品，凡不符合安全规定者，严禁上岗。严禁班前饮酒，进入施工现场不准嬉戏打闹，禁止从事与本职工作无关的事情。空压机、搅拌机等机械应具有制造许可证、产品合格证、检验证明等。各种机械不准超载运行，运行中发现有异声、电机过热应停机检修或降温，严禁在运行中检修、保养。检修机械设备时，应拉闸断电锁箱，并挂“有人检修禁止合闸”警示牌，应设监护人，停电牌应谁挂谁取。

九、运动场草坪工程

（一）施工要点

铺植草块大小厚度均匀，缝隙严密，草块与表层基质紧密。成坪后草坪层的覆盖度均匀，草坪颜色无明显差异，无明显裸露斑块，无明显杂草和病虫害症状，茎密度应为2~4枚/cm^2。

（二）质量要点

运动场草坪的排水层、渗水层、根系层、草坪层应符合设计要求。根系层的土壤应浇水沉降，进行水夯实，基质铺设细致均匀，整体紧实度适宜。

（三）质量验收

1. 主控项目

根系层土壤的理化性质应符合相关规定。运动场草坪成坪后应符合下列规定：①成坪后覆盖度应不低于 95%。②单块裸露面积不大于 25 cm^2。③杂草及病虫害的面积应不大于 5%。

2. 一般项目

运动场根系层相对标高、排水降坡、厚度、平整度允许偏差应符合相关规定。

十、花卉栽植工程

（一）施工要点

花卉栽植应按照设计图定点放线，在地面准确画出位置、轮廓线。株行距应均匀，高低搭配应恰当、协调；栽植深度应适当，根部土壤应压实，花苗不得沾泥污。大型花坛栽植花卉时，宜分区、分规格、分块栽植。独立花坛，应由中心向外顺序栽植。横纹花坛应先栽植图案的轮廓线，后栽植内部填充部分。坡式花坛应由上向下栽植。高矮不同品种的花苗混植时，应按先高后矮的顺序栽植。宿根花卉与一、二年生花卉混植时，应先栽植宿根花卉，后栽一、二年生花卉。单面花境应从后部栽植高大的植株，依次向前栽植低矮植物。双面花境应从后部中心位置开始依次栽植。混合花境应先栽植大型植株，定好骨架后依次栽植宿根、球类及一、二年生的草花。花卉种植后，及时浇水，并应保持植株茎叶清洁。

（二）质量要点

花境栽植设计无要求时，各种花卉应成团成丛栽植，各团、丛间花色、花期搭配合理。

（三）质量验收

1. 主控项目

花卉的品种、规格、栽植放样、栽植密度、栽植图案均应符合设计要求。花卉栽植土及表层土整理应符合相关规定。花卉应覆盖地面，成活率不得低于 95%。

2. 一般项目

株行距应均匀，高低搭配应恰当。栽植深度应适当，根部土壤应压实，花苗不得沾泥污。

十一、大树挖掘及包装工程

（一）施工要点

移植前应对树体生长、立地条件、周围环境等进行现场察看，确定好机械通道，上车方式；所需机械、运输车辆和大型工具保持完好，确保操作安全。选定的移植大树应做出明显标志，标明树木的阴阳面及出土线。移植大树可在移植前分期断根、修剪，做好移植准备。针叶常绿树、珍贵树种、生长期移植的阔叶乔木必须带土球（土台）移植。树木胸径20~25cm时，可采用土台移植，进行软包装；当树木胸径大于25 cm时，可采用土台移植，用箱板包装。挖掘前立好支柱，支稳树木。挖掘土球、土台应先去除表土，深度接近表土根。粗大树根应用手锯锯断，细小的根采用剪刀剪断，根截面不得露出土球表面。

（二）质量要点

土球软质包装应紧实无松动，腰绳宽度应大于10cm。土球直径1m以上的应做封底处理。

（三）质量验收

1. 主控项目

土球规格应为树木胸径的6~10倍，土球高度为土球直径的2/3，土球底部直径为土球直径的1/3；土台规格应上大下小，下部边长比上部边长少1/10。树根应用手锯锯断，锯口平滑无劈裂并不得露出土球表面。

2. 一般项目

土台的箱板包装应立支柱，稳定牢固，并应符合下列要求：

修平的土台尺寸应大于边板长度5cm，土台面平滑，不得有砖石等突出土台。土台顶边应高于边板上口1~2cm，土台底边应低于边板下口1~2cm；边板与土台应紧密严实。边板与边板、底板与边板、顶板与边板应钉装牢固无松动；箱板上端与坑壁、底板与坑底应支牢、稳定无松动。

十二、大树吊装运输工程

（一）施工要点

运输吊装苗木的机具和车辆工作吨位，必须满足苗木吊装、运输的需要，并应制定相应的安全操作措施。根据季节及品种的不同，选择最佳的起吊绑扎方式，以保护树体为前提，特别是在树液已开始萌动的季节可采用二点吊法、吊土球法等。作业时，按专项方案做好准备工作，并有专人现场指挥。应及时用软垫层支撑、固定树体。

（二）质量要点

吊运过程中，做好树体的保护工作。装车前，可进行适当修剪，以防止树体水分过度蒸发流失；运输中，可采用适当喷水保持树体湿润。运输前，盖好篷布。白天气温过高时，可采用夜间运输，卸车时避开中午高温时段。种植前，可采用机械辅助做好修剪工作。

（三）质量验收

1. 强制性条文

运输吊装苗木的机具和车辆工作吨位，必须满足苗木吊装、运输的需要，并应制定相应的安全操作措施。

2. 主控项目

大树吊装、运输的机具、设备应符合规范中的强制性规定。吊装、运输时，应对大树的树干、枝条、根部的土球、土台采取保护措施。

3. 一般项目

大树吊装就位时，应注意选好主要观赏面的方向。应及时用软垫层支撑、固定树体。

（四）安全要点

严格检查各种施工机械的性能，保证正常使用。现场施工人员要保证身体健康，严格按技术规程操作。软包装的泥球和起吊绳接触处必须垫木板。起吊人必须服从地面施工负责人指挥，相互密切配合，慢慢起吊，吊臂下和树周围除工地指挥者外不准留人。起吊时，如发现有未断的底根，应立即停止上吊，切断底根后方可继续上吊。树木吊起后，装运车辆必须密切配合。装车时，树根必须在车头部位，树冠在车尾部位，泥球要垫稳，树身与车板接触处，必须垫软物，并做固定。运输时，车上必须有专人押运，遇有电线等影响运输的障碍物，必须排除后方可继续运输。路途远，气候过冷、风大或过热时，根部必须盖草包等物进行保护。

十三、大树栽植工程

（一）施工要点

大树的树穴可用机械挖掘，人工修缮。大树修剪应符合规范要求；可采用机械辅助修剪；若在垂直树体上修剪，做好安全防护措施。种植土球树木，应将土球放稳，拆除包装物，根部做杀菌处理，涂洒生根粉。大树栽植后设立支撑应牢固，并进行裹干保湿，栽植时可加施保水剂，栽植后应及时浇水；可注射营养剂，恢复树势。

（二）质量要点

大树的规格、种类、树形、树势应符合设计要求。定点放线应符合施工图规定。

（三）质量验收

1. 主控项目

栽植深度应保持下沉后原土痕和地面等高或略高，树干或树木的重心应与地面保持垂直。

2. 一般项目

栽植穴应根据根系或土球的直径加大60~80cm，深度增加20~30cm。种植土球树木，应将土球放稳，拆除包装物；大树修剪应符合相关要求。栽植回填土壤应用种植土，肥料应充分腐熟，加土混合均匀，回填土应分层捣实、培土高度恰当。大树栽植后，应对新植树木进行细致的养护和管理，应配备专职技术人员做好修剪、剥芽、喷雾、叶面施肥、浇水、排水、搭荫棚、包裹树干、设置风障、防台风、防寒和病虫害防治等管理工作。

（四）安全要点

严格检查挖机的机械性能，保证正常使用。作业中必须有专人负责指挥，指挥人员必须站在机械的前方进行指挥作业，斗臂活动半径范围内严禁站人。

十四、水、湿生植物栽植工程

（一）施工要点

主要水、湿生植物最适栽培水深应符合规范要求。采取相应措施，做好植株与土壤接合的固着工作。

（二）质量要点

水、湿生植物的种类、品种和单位面积栽植数应符合设计要求。水、湿生植物栽植后至长出新株期间应控制水位，严防新生苗（株）浸泡窒息死亡。水、湿生植物可采用容器苗种植，提高成活率，缩短景观效果的过渡期。

（三）质量验收

1. 强制性条文

水、湿生植物栽植地的土壤质量不良时，应更换合格的栽植土，使用的栽植土和肥料不得污染水源。水、湿生植物的病虫害防治应采用生物和物理防治方法，严禁药物污染水源。

2. 主控项目

水、湿生植物栽植地的土壤质量不良时，应更换合格的栽植土，使用的栽植土和肥料不得污染水源。

3. 一般项目

水、湿生植物栽植成活后单位面积内拥有成活苗（芽）数应符合相关规定。

十五、设施顶面栽植工程

（一）施工要点

做好安全技术交底工作，并进行书面签字。有些工程在已入住的居民区内，现场做到文明施工，实行落手清制度。协调好各方关系，做到不扰民。做好垂直运输的安全工作，借用总包的垂直运输系统，提前协调，办理好相关手续。做好自身及其他方的成品保护工作。

（二）质量要点

设施顶面的防水排灌系统、栽植基质层符合设计要求。植物材料应首选容器苗、带土球苗和苗卷、生长垫、植生带等全根苗木。草坪建植、地被植物栽植宜采用播种工艺。苗木修剪应适应抗风要求，修剪应符合规定。

（三）质量验收

1. 强制性条文

设施顶面绿化栽植基层（盘）应有良好的防水排灌系统，防水层不得渗漏。

2. 主控项目

植物材料的种类、品种和植物配置方式应符合设计要求。自制或采用成套树木固定牵引装置、预埋件等应符合设计要求，支撑操作使栽植的树木牢固。树木栽植成活率及地被覆盖度应符合相关规定。

3. 一般项目

植物栽植定位符合设计要求。植物材料栽植，应及时进行养护和管理，不得有严重枯黄死亡、植被裸露和明显病虫害。

十六、设施顶面垂直绿化工程

（一）施工要点

建筑物、构筑物立面较光滑时，应加设载体后再进行栽植。加设的载体必须牢固、安全，无尖突物。

（二）质量要点

建筑物、构筑物的外立面及围栏的立地条件较差，可利用栽植槽栽植，槽的高度宜为50~60cm，宽度宜为50cm，种植槽应有排水孔；栽植土应符合规定。

（三）质量验收

1. 强制性条文

设施顶面绿化栽植基层（盘）应有良好的防水排灌系统，防水层不得渗漏。

2. 主控项目

低层建筑物、构筑物的外立面、围栏前为自然地面，符合栽植土标准时，可进行整地栽植。垂直绿化栽植的品种、规格应符合设计要求。

3. 一般项目

建筑物、构筑物立面较光滑时，应加设载体后再进行栽植。植物材料栽植后应牵引、固定、浇水。

第三节　养护工程

一、施工期植物养护工程

（一）施工要点

植物栽植后到竣工验收前，为施工期间的植物养护时期，应对各种植物精心养护管理。建立养护制度，编制养护管理计划，责任到人，奖罚分明。专人每天巡视，根据植物习性和墒情及时浇水。加强病虫害观测，控制突发性病虫害发生，特别是草坪虫害。主要病虫害根据其生理学特性，及时防治。

（二）质量要点

对树木应加强支撑、绑扎及裹干措施，做好防强风、干热、洪涝和越冬防寒等工作。花坛、花境应及时清除残花败叶，植株生长健壮。小灌木地被应尽早施肥，恢复生长势，以掩盖杂草的生长。

（三）质量验收

1. 强制性条文

园林植物病虫害防治，应采用生物防治方法和生物农药及高效低毒农药，严禁使用剧毒农药。

2. 主控项目

结合中耕除草，平整树台。树木应及时剥芽、去蘖、梳枝整形。草坪应适时进行修剪。

3. 一般项目

根据植物生长情况应及时追肥、施肥。花坛、花境应及时清除残花败叶，保持植株生长健壮。绿地应保持整洁；做好维护管理工作，及时清理枯枝、落叶、杂草、垃圾。对生长不良、枯死、损坏、缺株的园林植物应及时更换或补栽，用于更换及补栽的植物材料应和原植株的种类、规格一致。

（四）安全要点

严格执行国家发展和改革委员会等六部委发布的停止甲胺磷、对硫磷、甲基对硫磷、久效磷、磷胺5种高毒农药的生产、流通、使用的公告，按照原农业部发布的禁止使用及限制使用农药品种清单使用农药。农药使用中的注意事项：配药和拌种应远离饮用水源、居民点，要有专人看管，严防农药、毒种丢失或被人、畜、家禽误食。施药人员打药时必须戴防毒口罩，穿长袖上衣、长裤和鞋、袜。在喷雾操作时应站在上风处向下风方向喷洒，严禁相向对喷、逆风喷洒。大风和中午高温时应停止喷药。用药工作结束后，要及时将喷雾器清洁干净，连同剩余药剂一起交回仓库保管。

二、浇灌水工程

（一）施工要点

树木栽植后，应尽早浇灌水，以补充在运输、堆放的时段中蒸发的水分；至少做到当天种植，当天浇灌水，若当天为雨天，也应浇灌水。大树栽植，可边回填土，边浇灌水。边浇边用木棍捣土球外围的回填土，以保证回填土与土球紧密贴实，确保土球周边无空洞。对乔木浇灌水前，先做好支撑，以保持树种植后树姿。若未能及时支撑，先浇灌一部分水，既可使树体不倾倒，又使树体临时补充水分。浇水时，浇透土壤的同时，应将整株树体透浇一遍。浇水时，应仔细观察水流对土壤流失的影响，巡回浇水。对小灌木、地被浇水时，适当细化水流，类似自然下雨。

（二）质量要点

浇灌树木的水质应符合现行国家标准的规定；新栽植树木应在浇透水后及时封堰，以后根据观察土壤表层干湿情况及时补水。

（三）质量验收

1. 主控项目

栽植后应在栽植穴直径周围筑高10～20cm围堰，堰应筑实；浇灌树木的水质应符合现行国家标准的规定；每次浇灌水量应满足植物成活及生长需要。

2. 一般项目

浇水时应在穴中放置缓冲垫。新栽植树木应在浇透水后及时封堰，以后根据当地情况及时补水。对浇水后出现的树木倾斜，应及时扶正，并加以固定。

三、支撑工程

（一）施工要点

应根据立地条件和树木规格进行三角支撑、四柱支撑、联排支撑及软牵拉。支撑木条大小、高度统一。行道树支撑桩的定位与行道树走向平行，整齐、统一。同规格、同树种的支撑物、牵拉物的长度、竖向支撑角度、绑缚形式以及支撑材料宜统一，支撑平面角度应均匀等分。发现树干下沉或出现吊桩等，应及时调整扎缚高低和松紧度，使土球恢复原种植位置，并保持树干直立。

（二）质量要点

1. 单柱桩

扎缚材料应在距护树桩顶端 20cm 处，呈“∞”形扎缚三道加上腰箍，保持主干立直。

2. 扁担桩

离地面 1. 1m 高处，应在主干内侧架一水平横挡，分别与树干主干、护树桩缚牢，保持主干立直。

（三）质量验收

1. 主控项目

支撑物的支柱应埋入土中不少于 30cm，支撑物、牵拉物与地面连接点的连接应牢固。连接树木的支撑点应在树木主干上，其连接处应设软物质垫衬，并绑缚牢固。

2. 一般项目

支撑物、牵拉物的强度能够保证支撑有效；用软牵拉固定时，应设置警示标志。针叶常绿树的支撑高度应不低于树木主干的 2/3，落叶树木支撑高度为树木主干高度的 1/2。同规格、同树种的支撑物、牵拉物的长度、支撑角度、绑缚形式以及支撑材料宜统一。

第六章 园林道路工程

第一节　路基工程

综合性园林绿化工程中的道路路基分部工程以土方路基、填石路基工程为主。

一、土方路基工程

（一）施工要点

施工前，应对道路中线控制桩、边线桩及高程控制桩等进行复核，确认无误后方可施工。施工前，应根据工程地质、水文、气象资料、施工工期和现场环境编制排水与降水方案。施工排水与降水设施，不得破坏原有地面排水系统，且宜与现况地面排水系统及道路工程永久排水系统相符合。在施工期间排水设施应及时维修、清理，保证排水通畅。弃土、暂存土均不得妨碍各类地下管线等构筑物的正常使用与维护，且应避开建筑物、围墙、架空线等。严禁占压、损坏、掩埋各种检查井、消火栓等设施。

（二）质量要点

路基施工前，应将现状地面上的积水排除、疏干，将树根坑、井穴、坟坑进行技术处理，并将地面整平。路基范围内遇有软土地层或土质不良、边坡易被雨水冲刷的地段，当设计未做处理规定时，应办理变更设计，并据以制订专项施工方案。路基填挖接近完成时，应恢复道路中线、路基边线，进行整形，并碾压成活；压实度应符合规范的有关规定。当遇有翻浆时，必须采取处理措施。当采用石灰土处理翻浆时，土壤宜就地取材。路基填方高度应按设计标高增加预沉量值。高液限黏土、高液限粉土及含有机质细粒土，不适于做路基填料。因条件限制而必须采用上述土做填料时，应掺加石灰或水泥等结合料进行改善。不同性质的土应分类、分层填筑，不得混填，填土中大于 10cm 的土块应打碎或剔除。填土应分层进行，下层填土验收合格后，方可进行上层填筑。路基填土宽度每侧应比设计规定宽50cm。

压实应符合下列要求：①压实应先轻后重、先慢后快、均匀一致，压路机最快速度不宜超过4km/h。②填土的压实遍数，应按压实度要求，经现场试验确定。③压实过程中应采取措施保护地下管线、构筑物安全。④碾压应自路基边缘向中央进行，压路机轮外缘距路基边应保持安全距离，压实度应达到要求，且表面应无显著轮迹、翻浆、起皮、波浪等现象。⑤压实应在土壤含水量接近最佳含水量值时进行。其含水量偏差幅度经试验确定。⑥当管道位于路基范围内时，其沟槽的回填土压实度应符合现行国家标准的有关规定，且管顶以上50cm范围内不得用压路机压实。当管道结构顶面至路床的覆土厚度不大于50cm时，应对管道结构进行加固。当管道结构顶面至路床的覆土厚度在50cm～80cm时，路基压实过程中应对管道结构采取保护或加固措施。

路基压实应符合表6-1的规定。

表6-1　路基压实度标准

填挖类型	路床顶面以下深度（cm）	道路类别	压实度（%）（重型击实）	检验频率		检验方法
				范围	点数	
挖方	0～30	城市快速路、主干路	≥95	1 000m²	每层3点	环刀法、灌水法或涨砂法
		次干路	≥93			
		支路及其他小路	≥90			
填方	0～80	城市快速路、主干路	≥95	1 000m²	每层3点	环刀法、灌水法或涨砂法
		次干路	≥93			
		支路及其他小路	≥90			
	>80～150	城市快速路、主干路	≥93			
		次干路	≥90			
		支路及其他小路	≥90			
	>150	城市快速路、主干路	≥90			
		次干路	≥90			
		支路及其他小路	≥87			

（三）质量验收

1. 强制性条文

人机配合土方作业，必须设专人指挥。机械作业时，配合作业人员严禁处在机械作业和走行范围内。配合人员在机械走行范围内作业时，机械必须停止作业。挖方施工应符合下列规定：①挖土时应自上向下分层开挖，严禁掏洞开挖。作业中断或作业后，开挖面应做成稳定边坡。②机械开挖作业时，必须避开构筑物、管线，在距管道边 1m 范围内应采用人工开挖；在距直埋缆线 2m 范围内必须采用人工开挖。③严禁挖掘机等机械在电力架空线路下作业。须在其一侧作业时，垂直及水平安全距离应符合规范的规定。

2. 主控项目

路基压实度应符合规范的规定。弯沉值不应大于设计规定。

3. 一般项目

土路基允许偏差应符合相关规定（表 6-2）。路床应平整、坚实，无显著轮迹、翻浆、波浪、起皮等现象，路堤边坡应密实、稳定、平顺等。

表 6-2　土路基允许偏差

<table>
<tr><th>项目</th><th>允许偏差
（mm）</th><th>范围
（m）</th><th colspan="3">点数</th><th>检验方法</th></tr>
<tr><td>路床纵断高程</td><td>-20
+10</td><td>20</td><td colspan="3">1</td><td>用水准仪测量</td></tr>
<tr><td>路床中线偏位</td><td>≤30</td><td>100</td><td colspan="3">2</td><td>用经纬仪、钢尺量
取最大值</td></tr>
<tr><td rowspan="3">路床平整度</td><td rowspan="3">≤15</td><td rowspan="3">20</td><td rowspan="3">路宽
（m）</td><td><9</td><td>1</td><td rowspan="3">用 3m 直尺和塞尺
连续量两尺，取较大值</td></tr>
<tr><td>9~15</td><td>2</td></tr>
<tr><td>15</td><td>3</td></tr>
<tr><td>路床宽度</td><td>不小于
设计值+B</td><td>40</td><td colspan="3">1</td><td>用钢尺量</td></tr>
<tr><td rowspan="3">路床横坡</td><td rowspan="3">±0. 3%且
不反坡</td><td rowspan="3">20</td><td rowspan="3">路宽
（m）</td><td>9</td><td>1</td><td rowspan="3">用水准仪测量</td></tr>
<tr><td>9~15</td><td>2</td></tr>
<tr><td>>15</td><td>3</td></tr>
<tr><td>边坡</td><td>不陡于设计值</td><td>20</td><td colspan="3">2</td><td>用坡度尺量，每侧 1 点</td></tr>
</table>

注：B 为施工时必要的附加宽度。

（四）安全要点

1. 人机配合土方作业，必须设专人指挥

机械作业时，配合作业人员严禁处在机械作业和走行范围内。配合人员在机械走行范围内作业时，机械必须停止作业。

2. 挖方施工应符合下列规定

挖土时应自上向下分层开挖，严禁掏洞开挖。作业中断或作业后，开挖面应做成稳定边坡。机械开挖作业时，必须避开构筑物、管线，在距管道边 1m 范围内应采用人工开挖；在距直埋缆线 2m 范围内必须采用人工开挖。严禁挖掘机等机械在电力架空线路下作业。

二、填石路基工程

（一）施工要点

修筑填石路基应进行地表清理，先码砌边部，然后逐层水平填筑石料，确保边坡稳定。施工前应先修筑试验段，以确定能达到最大压实干密度的松铺厚度与压实机械组合，及相应的压实遍数、沉降差等施工参数。填石路基宜选用 12t 以上的振动压路机、25t 以上的轮胎压路机或 2. 5t 以上的夯锤压（夯）实。路基范围内管线、构筑物四周的沟槽宜回填土料。

（二）质量要点

填石路基顶面应铺设整平层。整平层可采用未筛分碎石和石屑或低剂量水泥稳定粒料，其厚度视路基顶面不平整程度而定，一般为 100mm～150mm。

（三）质量验收

1. 强制性条文

人机配合土方作业，必须设专人指挥。机械作业时，配合作业人员严禁处在机械作业和走行范围内。配合人员在机械走行范围内作业时，机械必须停止作业。

2. 主控项目

压实密度应符合试验路段确定的施工工艺，沉降差不应大于试验路段确定的沉降差。

3. 一般项目

路床顶面应嵌缝牢固，表面均匀、平整、稳定、无推移、浮石。边坡应稳定、平顺、无松石。填石路基允许偏差应符合相关规定。

（四）安全要点

开挖作业开工前应将设计边线外至少 10m 范围内的浮石、杂物清除干净，必要时坡顶设截水沟，并设置安全防护栏。开挖作业严格按照自上而下的顺序，尤其注意爬坡、下坡中的安全。开挖过程中，应采取有效的截水、排水措施，防止地表水和地下水影响开挖作业和施工安全。作业中车辆离坡边距离不得少于 1. 5m。作业完毕后车辆停放于安全地点，离坡边距离不得少于 3m。决不允许停放在边坡顶端、底下或其他土质松软容易塌方地段。指挥人员做好警戒工作。检查好周围电线、电杆、地下光缆、水管，并做好防护措施。机械作业半径内严禁站人。作业完毕后，机械停放于安全地点，严禁停放在边坡底下或其他土质松软容易塌方地段。

第二节　基层工程

综合性园林绿化工程中的道路基层分部工程以石灰稳定土类基层工程、水泥稳定土类基层工程为主。

一、石灰稳定土类基层工程

（一）施工要点

在城镇人口密集区，应使用厂拌石灰土，不得使用路拌石灰土。作业人员应佩戴劳动保护用品，现场应采取防扬尘措施。石灰土养护应符合下列规定：①石灰土成活后应立即洒水（或覆盖）养护，保持湿润，直至上层结构施工为止。②石灰土碾压成活后可采取喷洒沥青透层油养护，并宜在其含水率为 10%左右时进行。③石灰土养护期应封闭交通。

（二）质量要点

1. 石灰稳定土类材料

宜在冬期开始前 30~50d 完成施工，水泥稳定土类材料宜在冬期开始前 15~30d 完成施工。

2. 厂拌石灰土应符合下列规定

石灰土搅拌前，应先筛除集料中不符合要求的颗粒，使集料的级配和最大粒径符合要求。宜采用强制式搅拌机进行搅拌。配合比应准确，搅拌应均匀；含水量宜略大于最佳值；石灰土应过筛（20mm 方孔）。应根据土和石灰的含水量变化和集料的颗粒组成变化，及时调整搅拌用水量。拌成的石灰土应及时运送到铺筑现场，运输中应采取防止水分蒸发和防扬尘措施。搅拌厂应向现场提供石灰土配合比例强度标准值及石灰中活性氧化物含量的资料。

3. 采用人工搅拌石灰土应符合下列规定

所用土应预先打碎、过筛（20mm 方孔），集中堆放，集中拌和。应按需要将土和石灰按配合比要求进行掺配。掺配时土应保持适宜的含水量，掺配后过筛（20mm 方孔），至颜色均匀一致为止。

4. 厂拌石灰土摊铺应符合下列规定

路床应湿润。压实系数应经试验确定。现场人工摊铺时，压实系数宜为 1.65～1.70。石灰土宜采用机械摊铺，每次摊铺长度宜为一个碾压段。摊铺掺有粗集料的石灰土时，粗集料应均匀。

5. 碾压应符合下列规定

铺好的石灰土应当天碾压成活。碾压时的含水量宜在最佳含水量的允许偏差范围内。直线和不设超高的平曲线段，应由两侧向中心碾压；设超高的平曲线段，应由内侧向外侧碾压。初压时，碾速宜为 20～30m/min，灰土初步稳定后，碾速宜为 30～40m/min。人工摊铺时，宜先用 6～8t 压路机碾压，灰土初步稳定、找补整形后，方可用重型压路机碾压。当采用碎石嵌丁封层时，嵌丁石料应在石灰土底层压实度达到 85%时撒铺，然后继续碾压，使其嵌入底层，并保持表面有棱角外露。

6. 纵、横接缝均应设直槎

接缝应符合下列规定：

纵向接缝宜设在路中线处。接缝应做成阶梯形，梯级宽不应小于 1/2 层厚。横向接缝应尽量减少。

（三）质量验收

1. 主控项目

（1）原材料质量检验应符合下列要求

①土应符合下列要求。

宜采用塑性指数 10～15 的粉质黏土、黏土。土中的有机物含量宜小于 10%。使用旧路的级配砾石、砂石或杂填土等应先进行试验。级配砾石、砂石等材料的最大粒径不宜超过分层厚度的 60%，且不应大于 10cm，土中欲掺入碎砖等粒料时，粒料掺入含量应经试验确定。

②石灰应符合下列要求。

宜用 1～3 级的新灰，石灰的技术指标应符合相关规定。磨细生石灰，可不经消解直接使用，块灰应在使用前 2～3d 完成消解，未能消解的生石灰块应筛除，消解石灰的粒径不得大于 10mm。对储存较久或经过雨期的消解石灰应经过试验，根据活性氧化物的含量决定能否使用和使用办法。

③水应符合现行国家标准规定。

宜使用饮用水及不含油类等杂质的清洁中性水，pH 值宜为 6~8。

（2）基层、底层的压实度应符合下列要求

城市快速路、主干路基层大于或等于 97%，底基层大于或等于 95%。其他等级道路基层大于或等于 95%，底基层大于或等于 93%。基层、底基层试件 7d 无侧限抗压强度，应符合设计要求。

2. 一般项目

表面应平整、坚实，无粗细骨料集中现象，无明显轮迹、推移、裂缝，接槎平顺，无贴皮、散料。基层及底基层允许偏差应符合相关规定。

（四）安全要点

施工便道、便桥必须保证施工的正常进行，施工期间进行必要的维护。施工现场的材料保管应依据材料性能不同，采用防雨、防潮、防晒、防冻、防火、防爆等措施。对施工现场的施工设备应做好日常保养，保证机械设备的安全使用性能。对细颗粒散体材料在存放时应采取覆盖措施，减少粉尘飞扬，保护周围环境。

二、水泥稳定土类基层工程

（一）施工要点

城镇道路中使用水泥稳定土类材料，宜采用搅拌厂集中拌制。养护应符合下列规定：①基层宜采用洒水养护，保持湿润。采用乳化沥青养护，应在其上撒布适量石屑。②养护期间应封闭交通。③常温下成活后应经 7d 养护，方可在其上铺筑面层。

（二）质量要点

1. 集中搅拌水泥稳定土类材料应符合下列规定

集料应过筛，级配应符合设计要求。混合料配合比应符合要求，计量准确，含水量应符合施工要求并搅拌均匀。搅拌厂应向现场提供产品合格证及水泥用量，粒料级配、混合料配合比，R7 强度标准值。水泥稳定土类材料运输时，应采取措施防止水分损失。

2. 摊铺应符合下列规定

施工前应通过试验确定压实系数，水泥土的压实系数宜为1.53~1.58；水泥稳定砂砾的压实系数宜为1.30~1.35。宜采用专用摊铺机械摊铺。水泥稳定土类材料自搅拌至摊铺完成，不应超过3h。应按当班施工长度计算用料量。分层摊铺时，应在下层养护7d后，方可摊铺上层材料。

3. 碾压应符合下列规定

应在含水量等于或略大于最佳含水量时进行。碾压找平应符合有关规定。宜采用12~18t压路机做初步稳定碾压，混合料初步稳定后用大于18t的压路机碾压，压至表面平整，无明显轮迹，且达到要求的压实度。水泥稳定土类材料，宜在水泥初凝前碾压成活。当使用振动压路机时，应符合环境保护和周围建筑物及地下管线、构筑物的安全要求。

4. 纵、横接缝均应设直槎

接缝应符合下列规定：

纵向接缝宜设在路中线处。接缝应做成阶梯形，梯级宽不应小于1/2层厚。横向接缝应尽量减少。

（三）质量验收

1. 主控项目

（1）原材料质量检验应符合下列要求

①水泥应符合下列要求。

应选用初凝时间大于3h、终凝时间不小于6h的42.5级、32.5级的普通硅酸盐水泥和矿渣硅酸盐、火山灰质硅酸盐水泥。水泥应有出厂合格证与生产日期，复验合格方可使用。水泥贮存期超过3个月或受潮，应进行性能试验，合格后方可使用。

②土应符合下列要求。

土的均匀系数不应小于5，宜大于10，塑性指数宜为10~17；土中小于0.6mm颗粒的含量应小于30%；宜选用粗粒土、中粒土。

③粒料应符合下列要求。

级配碎石、砂砾、未筛分碎石、碎石土、砾石和矸石、粒状矿渣材料均可作粒料原材。当作基层时，粒料最大粒径不宜超过37.5mm。当作底基层时，粒料最大粒径：对城市快速路、主干路不应超过37.5mm；对次干路及以下道路不应超过53mm。各种粒料，应按其自然级配状况，经人工调整使其符合规定。碎石、砾石、煤矸石等的压碎值：对城市快速路、主干路基层与底基层不应大于30%；对其他道路基层不应大于30%，对底基层不应大于35%。集料中有机质含量不应超过2%。集料中硫酸盐含量不应超过0.25%。钢渣应符合行业标准的有关规定。

（2）基层、底基层的压实度应符合下列要求

城市快速路、主干路基层大于或等于97%，底基层大于或等于95%。其他等级道路基层大于或等于95%，底基层大于或等于93%。

2. 一般项目

表面应平整、坚实，接缝平顺，无明显粗、细骨料集中现象，无推移、裂缝、贴皮、松散、浮料。基层及底基层的偏差应符合规定。

（四）安全要点

当使用振动压路机时，应符合环境保护和周围建筑物及地下管线、构筑物的安全要求。装卸、撒铺及翻动粉状材料时，操作人员应站在上风侧，轻拌轻翻以减少粉尘，并应佩戴口罩或其他防护用品。散装粉状材料宜使用粉料运输车运输，否则车厢上应采用篷布遮盖。装卸尽量避免在大风天气下进行，否则应特别加强安全防护。水泥稳定土拌和机械作业时，应遵守以下规定：①对机械及配套设施进行安全检查。②皮带运输机应尽量降低供料高度，以减轻物料冲击。③在停机前必须将料卸尽。

第三节 面层工程

综合性园林绿化工程中的道路面层分部工程以热拌沥青混合料面层、水泥混凝土面层为主。

一、热拌沥青混合料面层

（一）施工要点

基层施工透油层或下封层后，应及时铺筑面层。各层沥青混合料应满足所在层位的功能性要求，便于施工，不得离析。各层应连续施工并联结成一体。热拌沥青混合料宜由有资质的沥青混合料集中搅拌站供应。碾压过程中，碾压轮应保持清洁，可对钢轮涂刷隔离剂或防黏剂，严禁刷柴油。当采用向碾压轮喷水（可添加少量表面活性剂）方式时，必须严格控制喷水成雾状，不得漫流。压路机不得在未碾压成形路段上转向、掉头、加水或停留。在当天成形的路面上，不得停放各种机械设备或车辆，不得散落矿料、油料等杂物。

热拌沥青混合料路面应待摊铺层自然降温至表面温度低于50℃后，方可开放交通。沥青混合料面层完成后应加强保护，控制交通，不得在面层上堆土或拌制砂浆。

（二）质量要点

1. 热拌沥青混合料

热拌沥青混合料适用于各种等级道路的面层，其种类应按集料公称最大粒径、矿料级配、空隙率划分，并应符合相关要求。应按工程要求选择适宜的混合料规格、品种。

2. 沥青混合料搅拌

沥青混合料搅拌及施工温度应根据沥青标号及黏度、气候条件、铺装层的厚度、下卧层温度确定。

聚合物改性沥青混合料搅拌及施工温度应根据实践经验经试验确定。通常宜较普通沥青混合料温度提高10℃～20℃。沥青玛蹄脂碎石混合料的施工温度应经试验确定。

3. 热拌沥青混合料的摊铺应符合下列规定

（1）热拌沥青混合料应采用机械摊铺。城市快速路、主干路宜采用两台以上摊铺机联合摊铺。每台机器的摊铺宽度宜小于6m。表面层宜采用多机全幅摊铺，减少施工接缝。（2）摊铺机应具有自动或半自动方式调节摊铺厚度及找平的装置，可加热的振动熨平板或初步振动压实装置，摊铺宽度可调整的装置等，且受料斗斗容应能保证更换运料车时连续摊铺。（3）采用自动调平摊铺机摊铺最下层沥青混合料时，应使用钢丝或路缘石、平石控制高程与摊铺厚度，以上各层可用导梁引导高程控制，或采用声呐平衡梁控制方式。经摊铺机初步压实的摊铺层应符合平整度、横坡的要求。（4）沥青混合料的最低摊铺温度应根据气温、下卧表面温度、摊铺层厚度与沥青混合料种类经试验确定。城市快速路、主干路不宜在气温低于10℃条件下施工。（5）沥青混合料的松铺系数应根据混合料类型、施工机械和施工工艺等通过试验段确定，试验段长不宜小于100m。（6）摊铺沥青混合料应均匀、连续不间断，不得随意变换摊铺速度或中途停顿。摊铺速度宜为2m/min～6m/min。摊铺时螺旋送料器应不停地转动，两侧应保持有不少于送料器高度2/3的混合料，并保证在摊铺机全宽度断面上不发生离析。熨平板按所需厚度固定后不得随意调整。（7）摊铺层发生缺陷应找补，并停机检查，排除故障。（8）路面狭窄部分、平曲线半径过小的匝道或小规模工程可采用人工摊铺。

4. 热拌沥青混合料的压实应符合下列规定

应选择合理的压路机组合方式及碾压步骤，以达到最佳碾压结果。沥青混合料宜采用钢筒式压路机与轮胎压路机或振动压路机组合的方案压实。压实应按初压、复压、终压

（包括成形）三个阶段进行。压路机应以慢而均匀的速度碾压。

初压应符合下列要求：①初压温度应符合有关规定，以能稳定混合料，且不产生推移、发裂为度。②碾压应从外侧向中心碾压，碾速稳定均匀。③初压应采用轻型钢筒式压路机碾压 1~2 遍。初压后应检查平整度、路拱，必要时应修整。

复压应紧跟初压连续进行，并应符合下列要求：①复压应连续进行。碾压段长度宜为 60~80m。当采用不同型号的压路机组合碾压时，每一台压路机均应做全幅碾压。②密级配沥青混凝土宜优先采用重型的轮胎压路机进行碾压，碾压到要求的压实度为止。③对大粒径沥青稳定碎石类的基层，宜优先采用振动压路机复压。厚度小于 30mm 的沥青层不宜采用振动压路机碾压。相邻碾压带重叠宽度宜为 10cm~20cm。振动压路机折返时应先停止振动。④采用三轮钢筒式压路机时，总质量不宜小于 12t。⑤大型压路机难以碾压的部位，宜采用小型压实工具进行压实。

终压温度应符合有关规定。终压宜选用双轮钢筒式压路机，碾压至无明显轮迹为止。

5. SMA 和 OGFC 混合料的压实应符合下列规定

SMA 混合料宜采用振动压路机或钢筒式压路机碾压。SMA 混合料不宜采用轮胎压路机碾压。OGFC 混合料宜用 12t 以上的钢筒式压路机碾压。

6. 接缝应符合下列规定

沥青混合料面层的施工接缝应紧密、平顺。上、下层的纵向热接缝应错开 15cm；冷接缝应错开 30~40cm。相邻两幅及上下层的横向接缝均应错开 1m 以上。表面层接缝应采用直槎，以下各层可采用斜接槎，层较厚时也可做阶梯形接槎。对冷接槎施作前，应在槎面涂少量沥青并预热。

（三）质量验收

1. 强制性条文

沥青混合料面层不得在雨、雪天气及环境最高温度低于 5℃时施工。热拌沥青混合料路面应待摊铺层自然降温至表面温度低于 50℃后，方可开放交通。

2. 主控项目

道路用沥青的品种、标号应符合现行国家有关标准有关规定，并应符合以下规定。①宜优先采用 A 级沥青作为道路面层使用。B 级沥青可作为次干路以下道路面层使用。当缺乏所需标号的沥青时，可采用不同标号沥青掺配，掺配应经试验确定。②对于乳化沥青，在高温条件下宜采用黏度较大的乳化沥青，在寒冷条件下宜采用黏度较小的乳化沥青。③用于透层、黏层、封层的液体石油沥青技术要求应符合相关规定。④当使用改性沥青时，改性沥青的基质沥青与改性剂有良好的配伍性。

沥青混合料所选用的粗集料、细集料、矿粉、纤维稳定剂等的质量及规格应符合有关规定。热拌沥青混合料、热拌改性沥青混合料、SMA 混合料，检查出厂合格证、检验报告并进场复验，拌和温度、出厂温度应符合有关规定。沥青混合料品质应符合马歇尔试验配合比技术要求。

热拌沥青混合料面层质量检验应符合下列规定：①沥青混合料面层压实度，对城市快速路、主干路不应小于 96%；对次干路及以下道路不应小于 95%。②面层厚度应符合设计规定，允许偏差为-5～+10mm。③弯沉值不应大于设计规定。

3. 一般项目

表面应平整、坚实，接缝紧密，无枯焦；不应有明显轮迹、推挤、裂缝、脱落、烂边、油斑、掉渣等现象，不得污染其他构筑物。面层与路缘石、平石及其他构筑物应接顺，不得有积水现象。热拌沥青混合料面层允许偏差应符合相关规定。

（四）安全要点

施工地段必须用安全警示带或栏杆围起，竖立醒目的“禁止通行”或“绕道行驶”等标志，并设值勤人员维护交通和行人秩序。沥青加热及混合料拌制，宜设在人员较少、场地空旷的地段。产量较大的拌和设备，有条件的应增设防尘设施。凡是参加沥青路面施工的操作人员，必须熟悉和掌握沥青的性能、特点，按规定穿戴好工作服、风帽、口罩、风镜、手套、厚皮底工作鞋等各种防护用品，严禁穿凉鞋、布鞋、短袖衣、短裤、裙子等。

乳化沥青洒布车作业：①洒布现场应设专人警戒。②施工现场的障碍物应清除干净。③洒油时作业范围内不得有人。④施工现场严禁使用明火。⑤检查机械、洒布装置及防护、防火设备应齐全、有效。⑥采用固定式喷灯向沥青箱的火管加热时，应先打开沥青箱上的烟囱口，并在液态沥青淹没火管后，方可点燃喷灯。

二、水泥混凝土面层

（一）施工要点

1. 混凝土摊铺前，应完成下列准备工作

混凝土施工配合比已获监理工程师批准，搅拌站经试运转，确认合格。模板支设完毕，检验合格。混凝土摊铺、养护、成形等机具试运行合格。专用器材已准备就绪。运输

与现场浇筑通道已修筑，且符合要求。

2. 面层用混凝土

面层用混凝土宜选择具备资质、混凝土质量稳定的搅拌站供应。

3. 混凝土铺筑前应检查下列项目

基层或砂垫层表面、模板位置、高程等符合设计要求。模板支撑接缝严密、模内洁净、隔离剂刷均匀。钢筋、预埋胀缝板的位置正确，传力杆等安装符合要求。混凝土搅拌、运输与摊铺设备，状况良好。

4. 三辊轴机组铺筑应符合下列规定

三辊轴机组铺筑混凝土面层时，辊轴直径应与摊铺层厚度匹配，且必须同时配备一台安装插入式振捣器组的排式振捣机，振捣器的直径宜为50~100mm，间距不应大于其有效作用半径的1.5倍，且不得大于50cm。当面层铺装厚度小于15cm时，可采用振捣梁。其振捣频率宜为50~100Hz，振捣加速度宜为4~5g（g为重力加速度）。当一次摊铺双车道面层时，应配备纵缝拉杆插入机，并配有插入深度控制和拉杆间距调整装置。

铺筑作业应符合下列要求：①卸料应均匀，布料应与摊铺速度相适应。②设有接缝拉杆的混凝土面层，应在面层施工中及时安设拉杆。③三辊轴整平机分段整平的作业单元长度宜为20~30m，振捣机振实与三辊轴整平工序之间的时间间隔不宜超过15min。

在一个作业单元长度内，应采用前进振动、后退静滚方式工作，最佳滚压遍数应经过试铺确定。

5. 水泥混凝土面层成活后，应及时养护

可选用保湿法和塑料薄膜覆盖等方法养护。气温较高时，养护不宜少于14d；低温时，养护期不宜少于21d。

6. 填缝应符合下列规定

混凝土板养护期满后应及时填缝，缝内残留的砂石、灰浆、杂物，应剔除干净。应按设计要求选择填缝料，并根据填缝料品种制定工艺技术措施。浇注填缝料必须在缝槽干燥状态下进行，填缝料应与混凝土缝壁黏附紧密，不渗水。填缝料的充满度应根据施工季节而定，常温施工应与路面平，冬期施工宜略低于板面。

昼夜温差大的地区，应采取保温、保湿的养护措施。混凝土板在达到设计强度的40%以后，方可允许行人通行。在面层混凝土弯拉强度达到设计强度，且填缝完成前不得开放交通。

（二）质量要点

1. 模板安装应符合下列规定

支模前应核对路面标高、面板分块、胀缝和构造物位置。模板应安装稳固、顺直、平整、无扭曲，相邻模板连接应紧密平顺，不应错位。严禁在基层上挖槽嵌入模板。使用轨道摊铺机应采用专用钢制轨模。模板安装完毕，应进行检验，合格后方可使用，其安装质量应符合规定。

2. 采用轨道摊铺机铺筑时

最小摊铺宽度不宜小于 3. 75m，并应符合下列规定：

应根据设计车道按技术参数选择摊铺机。当施工钢筋混凝土面层时，宜选用两台箱型轨道摊铺机分两层两次布料。下层混凝土的布料长度应根据钢筋网片长度和混凝土凝结时间确定，且不宜超过 20m。振实作业应符合下列要求：①轨道摊铺机应配备振捣器组，当面板厚度超过 150mm，坍落度小于 30mm 时，必须插入振捣。②轨道摊铺机应配备振动梁或振动提浆饰面时，提浆厚度宜控制在（4±1）mm。

面层表面整平时，应及时清除余料，用抹平板完成表面整修。

3. 人工小型机具施工水泥混凝土路面层，应符合下列规定：

混凝土松铺系数宜控制在 1. 10～1. 25。摊铺厚度达到混凝土板厚的 2/3 时，应拔出模内钢钎，并填实钎洞。混凝土面层分两次摊铺时，上层混凝土的摊铺应在下层混凝土初凝前完成，且下层厚度宜为总厚的 3/5。混凝土摊铺与钢筋网、传力杆及边缘角隅钢筋的安放相配合。一块混凝土板应一次连续浇筑完毕。混凝土使用插入式振捣器振捣时，不应过振，且振动时间不宜少于 30s，移动间距不宜大于 50cm。使用平板振捣器振捣时应重叠 10～20cm，振捣器行进速度应均匀一致。

混凝土面层应拉毛、压痕或刻痕，其平均纹理深度应为 1～2mm。

4. 横缝施工应符合下列规定

胀缝间距应符合设计规定，缝宽宜为 20mm。在与结构物衔接处、道路交叉处和填挖土方变化处，应设胀缝。胀缝上部的预留填缝空隙，宜用提缝板留置。提缝板应直顺，与胀缝密合、垂直于面层。缩缝应垂直板面，宽度宜为 4～6mm。切缝深度：设传力杆时，不应小于面层厚的 1/3，且不得小于 70mm；不设传力杆时，不应小于面层厚的 1/4，且不应小于 60mm。机切缝时，宜在水泥混凝土强度达到设计强度的 25%～30%时进行。

（三）质量验收

1. 主控项目

水泥品种、级别、质量、包装、贮存，应符合现行国家有关标准的规定。

水泥应符合下列规定：

①重交通以上等级道路、城市快速路、主干路应采用42.5级以上的道路硅酸盐水泥或硅酸盐水泥，其强度等级不宜低于32.5级。水泥应有出厂合格证（含化学成分、物理指标），并经复验合格，方可使用。②不同等级、厂牌、品种、出厂日期的水泥不得混存、混用。出厂期超过三个月或受潮的水泥，必须经过试验，合格后方可使用。③用于不同交通等级道路面层水泥的弯拉强度、抗压强度最小值应符合表6-3的规定。④水泥的化学成分、物理指标应符合表6-4的规定。

表6-3　道路面层水泥的弯拉强度、抗压强度最小值

道路等级	特重交通		重交通		中、轻交通	
龄期（d）	3	28	3	28	3	28
抗压强度（MPa）	25.5	57.5	22.0	52.5	16.0	42.5
弯拉强度（MPa）	4.5	7.5	4.0	7.0	3.5	6.5

表6-4　各交通等级路面用水泥的化学成分和物理指标

交通等级 / 水泥性能	特重、重交通	中、轻交通
铝酸三钙	不宜大于7.0%	不宜大于9.0%
铁铝酸四钙	不宜小于15.0%	不宜小于12.0%
游离氧化钙	不宜大于1.0%	不宜大于1.5%
氧化镁	不宜大于5.0%	不宜大于5.0%
三氧化硫	不宜大于3.5%	不宜大于4.0%
碱含量	<0.6%	怀疑有碱活性集料时，≤0.6%；无碱活性集料时，≤1.0%
混合材种类	不得掺窑灰、煤矸石、火山灰和黏土，有抗盐冻要求时不得掺石灰、石粉	
出磨时安定性	雷氏夹法或蒸煮法检验必须合格	蒸煮法检验必须合格

续表

水泥性能 \ 交通等级	特重、重交通	中、轻交通
标准稠度需水量	不宜大于 28%	不宜大于 30%
烧失量	不得大于 3.0%	不得大于 5.0%
比表面积	宜在 $300m^2/kg \sim 150m^2/kg$	
细度（80pm）	筛余量≤10%	
初凝时间	≥1.5h	
终凝时间	≤10h	
28d 干缩率	不得大于 0.09%	不得大于 0.10%
耐磨性	$\leqslant 3.6kg/m^2$	

注：28d 干缩率和耐磨性试验方法采用现行国家标准。

混凝土中掺加外加剂的质量应符合现行国家标准的规定。钢筋品种、规格、数量、下料尺寸及质量应符合设计要求及现行国家有关标准的规定。

2. 一般项目

水泥混凝土面层应板面平整、密实，边角应整齐、无裂缝，并不应有石子外露和浮浆、脱皮、踏痕、积水等现象，蜂窝麻面面积不得大于总面积的 0.5%。伸缩缝应垂直、直顺，缝内不应有杂物。伸缩缝在规定的深度和宽度范围内应全部贯通，传力杆应与缝面垂直。混凝土路面允许偏差应符合表 6-5 的规定。

表 6-5　混凝土路面允许偏差

项目		允许偏差或规定值		检验频率		检验方法
		城市快速路、主干路	次干路、支路	范围	点数	
纵断高程（mm）		±15		20m	1	用水准仪测量
中线偏位（mm）		≤20		100m	1	用经纬仪测量
平整度	标准差 σ（mm）	1.2	2	100m	1	用测平仪检测
	最大间隙（mm）	≤3	≤5	20m	1	用 3m 直尺和塞尺连续量两尺，取较大值
宽度（mm）		0 -20		40m	1	用钢尺量
横坡（%）		±0.30%且不反坡		20m	1	用水准仪测量

续表

项目	允许偏差或规定值		检验频率		检验方法
	城市快速路、主干路	次干路、支路	范围	点数	
井框与路面高差（mm）	≤3		每座	1	十字法、用直尺和塞尺量，取最大值
相邻板高差（mm）	≤3		20m	1	用钢板尺和塞尺量
纵缝直顺度（mm）	≤10		100m	1	用 20m 线和钢尺量
横缝直顺度（mm）	≤10		40m	1	
蜂窝麻面面积①（%）	≤2		20m	1	观察和用钢板尺量

注：①每 20m 查 1 块板的侧面。

（四）安全要点

按规定正确使用防护用具，防护用具与安全防护设施要定期检查，不符合安全要求的严禁使用。施工现场的填挖交界处、高边坡等危险处应有防护设施和明显的安全标志；边坡边沿不得摆放材料、机械设备等。调整机械、电气时，操作人员要严格按规程操作，非专业人员不得进行操作。

第七章 园林绿化工程生态应用设计

第一节 中心城区绿化工程生态应用设计

一、中心城区生态园林绿地系统人工植物群落的构建

生态园林主要是指以生态学原理为指导（如互惠共生、生态位、物种多样性、竞争、化学互感作用等）所建设的园林绿地系统。在这个系统中，乔木、灌木、草本和藤本植物被因地制宜地配置在一个群落中，种群间相互协调，有复合的层次和相宜的季相色彩，具有不同生态特性的植物能各得其所，能够充分利用阳光、空气、土地空间、养分、水分等，从而构成一个和谐有序的、稳定的群落。它是城市园林绿化工作最高层次的体现，是人类物质和精神文明发展的必然结果。

（一）城市人工植物群落的建立与生态环境的关系

植物群落是一定地段上生存的多种植物组合的，是由不同种类的植物组成，并有一定的结构和生产量，构成一定的相互关系。建立城市人工植物群落要符合园林本身生态系统的规律，城市园林本身也是一个生态系统，是在园林空间范围内，绿色植物、人类、益虫害虫、土壤微生物等生物成分与水、气、土、光、热、路面、园林建筑等非生物成分以能量流动和物质循环为纽带构成的相互依存、相互作用的功能单元。在这一功能单元中，植物群落是基础，它具有自我调节能力，这种自我调节能力产生于植物种间的内稳定机制，内稳定机制对环境因子的干扰可以通过自身调节，使之达到新的稳定与平衡。这就是我们提倡建立城市人工植物群落的主要依据。

城市环境中的水、气、土、光、热、路面等非生物成分，对形成人工植物群落关系密切，它既是形成人工植物群的依托条件，又是限制人工植物群落形成的因子。由于植物有自我调节的能力，所以绝大多数的园林植物对城市中的水、气、土、光、热、路面建筑能够适应。但不能忽视城市这个再造环境中某些非生物因子对园林植物生长的影响，如城市

污染、道路铺装、地下管网、挖埋修建、交通等均能造成园林植物生长不良、甚至死亡。城区的环境都不利于建成人工植物群落。

在园林绿地建设中，我们应该重视以生态学原理为指导的园林设计和自然生物群落的建立。创造人工植物群落，要求在植物配置上按照不同配置类型组成功能不同、景观异趣的植物空间，使植物的景色和季相千变万化，主调鲜明，丰富多彩。

（二）城市人工植物群落构建技术

1. 遵循因地制宜、适地适树的原则，建设稳定的人工植物群落

首先要遵循“适地适树”的生态学原理，选择适应性强的树种。所选的树种不仅是本地带分布多的或经过引种取得成功的树种，同时还应是适应种植立地条件的树种。其次，对树种求全责备是不恰当的，对于已经适应在本市生长的树种不应该轻易否定。适生树种不是全能冠军，应取其长避其短。植物种群由于受地域的限制，有它一定的生态幅度，同一地域的植物种类在生态习性上相近，对当地的环境适应性强，尤其是选择单调的乡土树种建立人工植物群落，适应当地环境能力更强、成活率高、绿化效果快。

然而，同一树种在同一城市范围内不同地域，因各种环境因子不同，其表现有时相差甚远。如红皮云杉和冷杉是北方的乡土树种，四季常绿、树姿优美，深受群众喜爱。但它们要求冷凉湿润的气候，忌强阳光直晒，喜半阴及微酸性土壤。因此，虽作为庭院树生长良好，但栽到大街上，人流多、土壤板结、干旱而炎热的地段上长势则很弱，绿化效果很差。因此，某一区域或地段应选用什么样的树种，应考虑具体的实际情况。要选取在当地易于成活、生长良好，具有适应环境、抗病虫害等特点的植物，充分发挥其绿化、美化的功能。为此，我们在进行树种选择时，必须掌握各树种的生物学特性及其与环境因子（气候、土壤、地形、生物等）的相互关系，尽量选用各地区的乡土树种或适生树种，这样才能取得事半功倍的道路绿化效果。

2. 以乡土树种为主，与外来树种相结合，实现生物多样化和种群稳定性

乡土树种是经过长时期的自然选择留存的植物，反映了区域植被的历史，对本地区各种自然环境条件的适应能力强、易于成活、生长良好、种源多、繁殖快，通常具有较好的适应性，还能体现地方植物特色。乡土树种是构成地方性植生景观的主角，是反映地区性自然生态特征的基调树种，也是植物多样性的就地保存的内容之一。因此，无论从景观因素还是从生态因素上考虑，绿化树种选择都必须优先应用乡土树种。

但为了适应城市复杂的生态环境和各种功能要求，如仅限于采用当地树种，就难免有单调不足之感。一些外来树种经过引种驯化后，特别是其原产地的生境与本地区近似的树

种，确认其适应性较强的优良树种，也可以引进用来作为绿化树种，乡土树种与外来树种相结合，以丰富树种的选择，满足园林绿化多功能的要求。在绿化中根据园林生态环境和气候特点，不同街道及绿地的立地条件（光、水、土、空间等）、绿化带的性质（分车、人行、路侧防护等）及临街建筑物，合理地选择和种植与之相适应的乡土树种和外来树种，尽可能增强园林生态系统的自我调节能力，实现生物多样化和种群稳定性。

一个健康群落的关键正如英国生态学家查理·爱尔登所说的是“保持多样性”。多种多样的树木带来的多重营养结构和食物链能有效地控制昆虫数量。

3. 以乔木树种为主，乔、灌、花、草、藤并举，建立稳定而多样化的复层结构的人工植物群落

园林绿地是由乔木、灌木和地被植物组织构成的。乔木是园林树木的骨干，它具有良好的改善气候和调节环境的功能。但在树木配植上应考虑形态与空间的组合，使各种不同树木的形态、色调、组织搭配得疏密相间、高低有度，使层次与空间富有变化。因此，在树木配置上，灌木要多于乔木。多层次的林荫道和装饰型绿化街道上，种植灌木也要多于乔木（不包括绿篱）。

生态学原理指出：营养结构越复杂，生态系统越稳定。植物种类多样性导致稳定性，食物链结构越复杂则越稳定。这就要求在绿化建设上向多结构、多层次发展，具有合理的时空结构。在建设人工植物群落时要设计多种植物种类，多结构、多层次布局。要求在层次要素之间的地位和等级差别，在时间和空间位置上要互不影响，各取所需，各得其所，又互为联系。

城市园林绿化的空间是城市中的自然空间。园林植被通过其生理活动所产生的生态效益，是城市园林绿化改善园林生态环境综合功能中的主要功能之一。通过对北京市园林植被大量的测定表明，由乔木、灌木、草坪组成的植物群落，其综合生态效益（释氧固碳、蒸腾吸热、减尘滞尘、减菌、杀菌及减污等）为单一草坪的4~5倍。

当然植物配置的比例也不是一成不变的，在栽植中可根据实际情况适当增减。但总的原则是植物的配置要按照生态学的原理规划设计多层结构，在物种丰富的乔木下栽植耐阴的灌木和地被植物，构成复层混交人工植物群落，做到阴性、阳性植物，常绿、落叶，速生、慢生树木相结合。

总之复层结构要求植物种类要多，能够形成多结构、多层次、多品种、多色调的人工植物群落。

现代城市各类绿地中，灌木是不可缺少的，而且比例也在逐渐加大。它们花期较长，有些萌芽早，易繁殖栽培，花姿千奇百态，花期各不相同，且有许多香花植物。在绿化上

可根据不同观赏特点和栽培条件适当增加灌木树种数量与种类。

二、城市街道绿化

街道人工植物群落，主要包括市区内一类、二类、三类街道两旁绿化和中间分车带的绿化。

（一）绿化布局

1. 不同组成部分的布局形式

道路植物群落包括行道树、分车带、中心环岛和林荫带四个组成部分，为充分体现城市的美观大方，不同的道路或同一条道路的不同地段要各有特色。绿化规划与周围环境协调的同时，四个组成部分的布局和植物品种的选择应密切配合，做到景色的相对统一。

（1）行道树

以冠大荫浓的乔木为主，侧重落叶类，夏季可遮阴，冬季可为行人提供天然日光浴。间距5~8m。在有架空线地段，应选择耐修剪的中等株形树种。

（2）分车带

是道路绿化的重点。应结合自身宽度、所处车道性质及有无地下管线进行规划。生态园林位于快车道之间的分车带，以草坪和宿根花卉为主，适当配以小型花灌木。位于快、慢车道之间的分车带，宽度为2m以下或有地下管网的，可采用灌草相结合的方式，做灵活多样的大色块规划设计；宽度为4m以上且无地下管网的，除灌草结合外，还可配以小型乔木。

（3）中心环岛

地处道路交叉点，目的是疏导交通，要求绿化高度在0.7m以下。为使司机和行人能准确地观察到周围环境的变化，可采用小乔木和灌木、花、草结合的方式，进行各种几何图案或变形设计。

（4）林荫带

以方便居民步行或游憩为前提，参照公园、游园、街头绿地进行乔、灌、草、花的合理优化配置；同时，可布置少量的园林设施，如园路、花架、花坛、园桌、园凳、宣传栏等。

2. 不同道路断面布局形式

道路绿化断面布局形式与道路横断面组成密切相关，城市现有道路断面，多数为一块板、二块板，少数为三块板的基本形式。因此街道的绿化布局形式有一板二带、二板三带、三板四带等布局形式。

一板二带这是最常见的绿化类型，绿带中间板为机动车道，两侧种植行道树。其优点是简单整齐、用地经济、管理方便，但是当行车道过宽时，遮阴、滞尘、隔噪声效果都差，景观也比较单调，这种形式多用在机动车较少的狭窄街道布局。

二板三带就是除在街道两侧人行道上种植行道树外，中间用一条绿化带分隔，把车道分成单向行驶的两条车道。这种布局型式，即可减少一板两带型式机动车碰撞现象，同时对绿化、照明、管线敷设也较为有利，滞尘、消减噪声效果也高于前种，但仍解决不了机动与非机动车辆混合行驶相互干扰的矛盾，这种形式仅在市区二级街道，机动车流量不太大的情况下适用。

三板四带用两条分车绿带把行车道分成三块板，中间为机动车道。两条分车绿带生态园林外侧为非机动车道，如沈阳市文化路。中间两条分车绿带，连同道路两侧的行道树共有四条绿带阻隔，可减少噪声、灰尘对两侧住户的影响。人行道两侧行植乔木，其遮阴效果较好，在夏季能使行人感到凉爽舒适、免受日晒。三板四带往往直通郊外，由于道路宽敞，有利于把郊外的新鲜湿气流带到市内，起到疏通气流减弱市中心热岛的效应。这种断面布局合理，适用于市区主要街道。同时有利于各种绿化材料的应用及美化街景。

（二）植物配置

1. 一板两带的植物配置

目前国内一板二带绿化树木栽植型式多为两侧各栽一条单行乔木。由于街道狭窄，行道树下通常作为人行道，故而乔木下不栽植花灌木。一般不挖长条树池，而是围绕树的根迹挖成圆形或方形树池。

一板二带在市内三级街道居多，和生活区接近。为了美化市容，净化环境，增强防护效益，一板二带的植物配置应考虑各市行人和行车的遮阴要求，还不要影响交通和路灯照明。

2. 二板三带的绿化植物配置

二板三带绿化的条件下，一般路面都比较宽，且人行道一般是在两侧绿带中，因此边带绿化多为栽植双行乔木，两行树间有 2~3m 的人行道，如南北走向道路边带靠近马路一侧可选择观花、观果或观叶的亚乔木，靠近两边建筑物的一侧可栽植高大荫浓的乔木。这样，站在马路中间观看两侧绿化带，给人有层次感。在亚乔木间（即靠近路边的一行树）可间栽花灌木或剪形的灌木，外侧一行可间栽常绿针叶树，以增强冬季的防护效果。东西向马路南侧，边行树要尽量选择较耐阴树种，为了不影响南侧靠近路边一行树的生长，两行树木应插空交错栽植。为了美化市容，丰富街景，上层林冠乔木树种要栽得稀疏些，尽量配置成乔、灌、草复合形式，在绿化带较宽的条件下，尽量配植绿篱，显得街道绿化规整、有层次，对消减噪声、滞尘和吸收有害气体均为有利。

3. 三板四带的绿化植物配置

三板四带的街道一般都比较宽敞，如沈阳市文化路宽达 60m。中间板即两条分车绿带间是机动车上下行的路线，以分车绿带和外侧的自行车道分开。分车绿带宽 4.5m，在绿化植物配置时不必考虑快慢车碰撞问题，只是在路的交叉口要考虑视线阻挡问题。可以用常绿树和落叶乔、灌木相间配置，但落叶乔木尽量采用观花、观果或观叶的亚乔木。其灌木最好选用不同花期、不同花色的花灌木相间栽植。分车绿带 3~4m 时可在靠近非机动车道一侧栽植绿篱，而靠近机动车道一侧设置低围栅栏。分车绿带大于 4m 宽时可在两侧都栽绿篱，这对防尘、消减噪声，保护绿篱内的花灌木和草本花卉正常生长都有好处。在绿篱内空地上适当栽植些草本宿根花卉和草坪植物，整个分车绿带将形成乔、灌、草相配置的形式，既丰富了街道景观，又利于滞尘、消减噪声、吸滞有毒有害气体。在分车绿带较窄的情况下可在围栅或绿篱中间栽植适于剪形的灌木，给人以整齐美观感，又起到交通分车线作用。在剪形灌木中间适当栽植草本花卉，可使街面富于生气。

（三）植物配置原则与要点

在树种搭配上，最好做到深根系树种和浅根系树种各尽其用。如对水分要求，深根系树种比浅根系树种耐旱，在土壤保水力差的地方要多栽耐旱、根系发育旺盛的深根系树种。在土壤保水力比较好的地方或近河岸、湖旁地方可栽浅根系喜湿树种。

随着城市建设发展，园林绿化向着净化、美化、香化发展，对于街道上栽植观花、观果树种更是迫切需要。有的城市提出三季、四季观花，一季观果，一季观叶的目标。就城市来说可以做到三季观花、二季观果、一季观叶、冬季观枝的目标。这就要求今后街道树的配置要做到精心设计，不同环境创造不同景观。如同一花期不同花色树种配置在一起，可构成繁花似锦。还可用多种观花树种把花期不同的树种配置起来，能够获得从春到秋开花连绵不断的效果。

根据所处的环境条件、污染物质种类，选择相应的滞尘、吸毒、消减噪声能力强的树种，以求提高街道净化林的净化效果。

在交通量频繁的街道或靠近焦化工厂、炼钢厂、水泥厂的街道边带绿化，要尽量选择叶面多皱纹的（如榆树），叶面粗糙的（如荚蓬），叶表面多绒毛和叶片稠密的（如杨树、柳树），叶面较大的（如黄金树、梓树等），对滞尘都有较好的效果。

凡是叶稠、枝密、冠底距地面较低的树种，即凡是冠幅大、枝叶繁茂、分枝点距地面低的树种对噪声消减效果均好。旱柳、美青杨、榆树、桑树、复叶槭、梓树、刺槐、山桃、桧柏、皂角对噪声均有较好的消声效果。在交通频繁的街道，近钢铁生产厂区或近大型的机械厂要特别重视选择对噪声消减能力强的树种。在植物配置上最好以乔木、亚乔木、灌木和草坪植物相配置。针、阔混交配置型式冬夏均可起到较好的防声效果。

绿带两侧最好设置绿篱更有利于防噪声。

交通干道如果是在污染区与居民区之间穿过，可借用该道绿化起到卫生隔离林带作用。

在树种选择上应根据污染区放出的主要有害气体类型，选栽相应抗该种有害气体能力强且对该种有害气体又有较大的吸滞能力的树种。

街道树配置株行距问题。街道绿化，一般多采用规则式、行植。其株距与行距的大小，应视树木种类、冠幅大小和需要遮阴郁闭程度而定。在市区一般高大乔木株距为5~8m，其行距要视邻行树种大小而定。如果两行都是同一树种，行距一般不小于株距。如两行插空栽植，行距可适当变窄些。中、小乔木的株行距为3~5m，大灌木为2~3m，小灌木为1~2m。具体情况要根据街道宽窄，绿带植物配置及整体布局灵活掌握。

生态园林北方城市街道绿化的格局应该是：以乔木为主，乔木、灌木、草坪和花卉相结合，垂直绿化、主体绿化相辅助，多品种、多色调、多层次，三季有花，四季有绿，真正达到点上成景、线上成荫、面上成林、环上成带的景观效果。建立具有绿化特点的景观街路，形成新颖的绿化格局。对改造后的街路广场，在绿化美化上也要形成特色。植物景观要与建筑相协调。建议利用植物的观赏特性（观花、观叶、观形、观色、观果等），在某一街道集中栽植某一树种，形成一街一树、一街一景，这种格局在中小街路上的景观效果会更突出；间栽长寿树种，改变杨柳一统天下的老格局；在新建、扩建街路搞树、花、草复层结构，建造生态园林景观。

三、行道树的选择

（一）行道树选择的重要性

园林绿地系统是园林生态系统的子系统，城市行道树种则是园林绿地系统的重要组成部分，是园林绿化的骨架。行道树是城市园林绿化系统中“线”的重要组成成分，是联系点（大小公园、花园）和面（风景区、居民区等公共绿地）的纽带。由行道树组成的林荫道，作为园林绿地系统的一大类型，以“线”的形式将园林绿化的“点”“面”联结起来而形成绿色网络，对保护和改善园林生态环境、防污除尘、遮阴护路、净化空气、减少噪声、调节气候、美化市容等均有重要作用。因此，如何合理选择行道树种，加强栽培管理，对提高园林绿化水平，并增强其功能均具有重要意义。行道树的选择，能集中反映一个城市的地方园林特色。

（二）行道树选择的原则

大工业城市，人多、车多、灰尘大、污染重，选择树种时应侧重考虑抗逆性、适应性强，能更好地发挥绿化功能的树种，在栽植形式上建议根据自然植物群落形成的原理，采用树种混交及乔、灌、草等复层结构，有条件的地方要营造多行绿化带，绿化观赏效果好。多年的实践经验表明，定向种植以乔灌木为主的多层次结构的植物群落，既可增强绿化效果，又可从根本上控制病虫害的发生和蔓延。在植物种类的选择上应尽可能遵循因地制宜的原则。

城市道路绿化除了考虑吸尘、净化空气、减弱噪声等功能外，最主要是解决两个问题：一是遮阴，降低夏季高温，改善环境小气候；二是美化市容，有利于观瞻。城市行道树的规划不但要符合常规园林绿化的要求和标准，还要满足不同区域不同条件下人们对行道树的需要，也就是说要根据不同功能区的特点对行道树进行区域性选择。

（三）行道树选择的标准

行道树是为了美化、遮阴和防护等在道旁栽植的乔木。行道树是城市街道、乡镇公路、各类园路特定环境栽植的树种，生态条件十分复杂，功能要求也各有差异。行道树种的选择，关系到道路绿化的成败、绿化效果的快慢及绿化效应是否充分发挥等问题。但由于城市街道的环境条件十分严酷，如土壤条件差、空气污染严重、车辆频繁、灰尘大、人为干扰频繁、空中缆线和地下管道障碍等，使得行道树的生存越来越困难。行道树的选择和规划不仅要考虑到人们感观上的需要，还要考虑其是否在改善城市环境污染方面起到积极的作用。因此，现代化城市的行道树树种的选择要兼有观赏价值、生态学价值和经济价值。选择树种时要对各种不同因素进行综合考虑。现根据城市街道等特定环境对行道树的一般功能要求，确定以下一些标准。

1. 树种自身形态特征条件

行道树特别是一、二级街道上层林冠树种，要求树势高大、体形优美、树冠整齐、枝繁叶茂、冠大荫浓、叶色富于季相变化；下层树种花朵艳丽、芳香郁馥、秋色丰富，可以美化环境，庇荫行人。

树木干净，不污染环境。花果无毒、无黏液、无臭气、无毒性、无棘刺、无飞絮，少飞粉，不招惹蚊蝇，落花落果不易伤人，不污染路面，不致造成行车事故。

树干通直挺拔，木材最好可用，生长迅速，寿命长，树姿端正，主干端直，分枝点高（一般要求 2.8m 或 3.5m 以上），不妨碍车辆安全行驶。最好是从乡土树种或者常用树种中，选择成活容易的树种。

2. 生态适应性和生态功能

（1）适应性强

在各种恶劣的气候和土壤条件下均能生长，对土壤酸碱度范围要求较宽，耐旱、耐寒，耐瘠薄，耐修剪，病虫害少，对管理要求不高。

抗性强，对烟尘、风害、地下管网漏气，房屋、铺装道路较强辐射热，土壤透气性不良等有较强的抗性或吸尘效应高的树种。在北方城市地区，应选择能体现北方城市风光的抗逆性强的种类，对城市街道环境的各种不利因素适应性强。

萌生性强，愈合能力强。树木受伤后，能够较快或较好地愈合，耐修剪整形，适于剪成各种形状，可控制其高生长，以免影响空中电缆。

（2）具有乡土特色

要从乡土树种或常用树种中选择繁殖容易和移栽易于成活的树种。

（3）根际无萌蘖和盘根

老根不致凸出地面破坏人行道的地面铺装。

（4）种苗来源丰富

大苗移植易于成活，养护抚育容易，管理费用低。

（四）行道树树种的运用对策

突出城市的基调树种，形成独特的园林绿化风格。行道树是一个城市园林的基本组成部分，是园林绿化的通道。行道树一旦种下，为保持整齐性，调整时需整条进行改造。因此，行道树树种的选择需要慎之又慎，在遵从行道树树种选择原则的前提下，应对行道树的树形、抗性及观赏价值进行综合分析，制订行道树种运用的指导性规划，逐步更换一些不适应作为行道树的树种，择优选择基调树种和骨干树种，突出风格，形成具有当地风光和特色的城市园林景观。

为了使行道树达到美化和香化的效果，还需要进一步发掘一些大花乔木和香花乔木树种。

树种运用必须符合城市园林的可持续发展原则。为尽快体现行道树的作用和功能，要求行道树生长较快，而在选择树种生长速度的同时又必须考虑树种的寿命。因为速生树种虽然生长迅速，绿化效果快，但速生树种寿命比较短，易衰老。慢生树虽然生长缓慢，但寿命长，能实现绿化的长效性。只有选择长寿的树种，才可让明天有参天大树。因此要综合考虑生长速度和长寿两个因子，以实现城市园林绿化的可持续发展。

注重景观效果，形成多姿多彩的园林绿化景观。随着时代和经济的发展，人们不再满足于只有树荫，而要求树形美观、花果漂亮。行道树的功能主要是为行人庇荫，同时美化街景。所以行道树的运用必须注重其树形、花果、季相的观赏价值，利用植物不同的树形、线条和色彩，形成多姿多彩的园林绿化景观，以达到四季有景、富于变化的效果。

（五）行道树种选择的方案

原则上应根据上述条件选择行道树树种，但不可能要求某一个树种都具备上述条件。因此需根据环境条件存在的主要矛盾，相应地选择适应该地条件的绿化树种。根据综合评价其综合效能的高低，我们提出北方城市行道树选择方案如下。

1. 基调树种（代表北方城市街道绿化风格的普及树种）

油松、柳树（旱柳和绦柳）、银中杨、山杏和山桃。

2. 骨干树种（在沈阳市街道绿化中发挥骨干作用、普遍应用的优异树种）

针叶树种：红皮云杉、杉松冷杉、桧柏、丹东桧柏、青杆云杉、白杆云杉、沈阳桧柏、紫杉。

生态园林：榆树、绒毛白蜡、小叶杨、刺槐、臭椿、桑树、小叶朴、山皂角、色木槭、小叶白蜡、元宝槭、美国白蜡、沙枣、新疆杨、大叶朴、黄檗、花曲柳、梓树。

灌木树种：金银忍冬、黄刺玫、卫矛、紫丁香、欧丁香、大花溲疏、珍珠梅、暴马丁香、鸡树条荚蒾、鸾枝、茶条槭、京山梅花、东北山梅花、小桃红、玫瑰、野蔷薇、伞花蔷薇、文冠果、卵叶连翘、接骨木、锦带花、早花锦带、猬实、紫穗槐、大花水桠木。

藤本植物：北五味子、地锦、忍冬、南蛇藤。

3. 建议发展树种

针叶乔木：红松、长白落叶松、白皮松、侧柏。

阔叶乔木：火炬树、桃叶卫矛、槲树、辽东栎、蒙古栎、垂榆、国槐、银白杨、水榆、山槐、紫椴、核桃楸、栾树、水曲柳、华北卫矛、小青杨、青楷槭、枣树、山桃稠李、银杏、加拿大杨、垂柳、复叶槭、毛赤杨、山杨、刺榆、糠椴、花楸、槲栎、春榆、黄榆、东北杏、美青杨、山楂、毛叶黄栌、美国木豆树、黄金树、毛白杨、白桦、刺楸。

针叶灌木：爬地柏、矮紫杉、砂地柏。

阔叶灌木：金老梅、光萼溲疏、李叶溲疏、毛樱桃、山刺梅、柳叶绣线菊、鼠李、东北连翘、辽东丁香、东北扁核木、绢毛绣线菊、土庄绣线菊、珍珠绣线菊、三裂绣线菊、水蜡、什锦丁香、鞑靼忍冬、野珠兰、日本绣线菊、东陵绣球、天女木兰、东北茶藨子、多季玫瑰、沙棘、小檗、紫叶小檗、风箱果、榆叶梅、东北鼠李、连翘、长白忍冬、省沽油、树锦鸡儿、美丽忍冬、美丽锦带花、叶底珠、红瑞木、兴安杜鹃、迎红杜鹃、金钟连翘、百里香。

藤本：紫藤、山葡萄、软枣猕猴桃、狗枣猕猴桃、葛枣猕猴桃、七角白蔹、三叶白蔹、花蓼、五叶地锦、葛藤、杠柳。

（六）行道树的设计

行道树是街道绿化的组成部分，沿道路种植一行或几行乔木，是街道绿化最普遍的形式。

1. 行道树种植带的宽度

为了保证树木正常生长，在道路设计时应留出 1.5m 以上的种植带。如用地紧张至少也应留出 1.0~1.2m 的绿化带。

行道树种植带可以是条形，也可以是方形。条形树池施工方便，对树木生长有好处，但裸露土地多，不利于街道卫生。方形树池可在树池间的裸土上种植草皮或草花。方形树池多用在行人往来频繁地段，方池大小一般采用 1.5m×1.5m，也有用 1.2m×1.2m、1.75m×1.75m 的；在道路较宽地段也有用 2m×2m 的。

树池的边石一般高出人行道地面 10~15cm，也有和人行道等高的，前者对树木有保护作用，后者行人走路方便。

2. 确定合理的株距

行道树的株距要根据该树种的树冠大小，生长速度和苗木规格来决定。此外还要考虑远近期的结合，如在一些次要街道开始以小的株距种植，几年后间移，培养出一批大规格苗木，这样既可充分利用土地，又能在近期获得较好的绿化效果。

行道树的株距，我国各大城市略有不同，就目前趋势看，由于多采用大规格苗木，逐渐趋向于加大株距，采用定植株距。常用株距有 4m、5m、6m、8m 等。

3. 行道树与管线

行道树是沿车行道种植的，沿车行道有各种管线，在设计行道树时一定要处理好与它们的关系，才能达到理想的效果。

行道树种选择是关系到园林绿化水平和绿化速度的重要因素，主要应从树种的形态功能及生态学观点考虑，通过行道树栽培现状调查和试验研究的途径，根据“因地制宜，适地适树”的原则进行。

在中心城区内，进行道路、公园、游园广场、社区等的绿化布局，调整街道绿化树种结构，新建、扩建街心绿地，建设花园式庭院，使整个绿化结构合理、布局均匀、系统完整。

第二节　社区绿化工程生态应用设计

一、居住区绿化

（一）居住区绿化植物选择与配置

由于居民每天大部分时间在居住区中度过，所以居住区绿化的功能、植物配置等不同于其他公共绿地。居住区的绿化要把生态环境效果放在第一位，最大限度地发挥植物改善和美化环境的功能，植物配置力求科学合理规范。居住区的绿地的功能要以老人和儿童为主体。

1. 以乡土树种为主，突出地方特色

居住区环境绿化，在植物配置上，应以植物造景为主，不要过多地搞建筑小品。小区绿化的主要材料是各种观赏植物，应严格按照植物生长习性组合配置，避免相互遮挡和反习性栽植，尤其应认真选择适于推广种植的新优植物材料，充分体现其观赏价值。注意选择垂直绿化用的具有较强抗性又有较长花期的攀缘植物，增加绿视率。切忌盲目学习国外的大面积草坪式的西洋化。

为保证居住区绿化的覆盖率，增加绿季，居住区植物选择应以乡土树种为主，外来树种为辅。选用阔叶乔木、适当配置常绿树、落叶树及花灌木，并以速生树与慢生树相结合的原则，积极发展草坪、攀缘植物和地被植物，提高绿化覆盖率。各楼间特点突出、风格各异，但又总体协调统一。只有突出地方特色，居住区环境的魅力才能经久不衰。

在居住区附近的商贸区，由于各种商业活动，造成行人密度大，车辆多，污染严重，因此行道树应选择抗性和杀菌能力强的树种，如刺槐、栾树、旱柳、女贞、千头椿和槭树科树种等。

2. 发挥良好的生态效益

全面满足居住区绿化功能要求，绿地布局合理，发挥良好的生态效益。

居住区绿化的功能是多方面的，而环境优美、整洁、舒适方便和追求生态效益，满足居民游憩、健身、观景和交流的需要仍然是最本质的功能。居住区是人居环境最为直接的空间，居住区绿化应体现以人为本，以创造出舒适、卫生、宁静的生态环境为目的。

在植物品种的布局上，要充分考虑园林的医疗保健作用。在植物造景的前提下，适当多用松柏类植物、香料植物、香花类植物，如松类、柏类、樟科、芸香科类植物及香花植物。这些植物的叶片或花，可分泌一些芳香类物质，不仅对空气中的细菌有杀伤作用，而且人呼吸这类芳香物质后，有提神醒脑、沁心健身的作用。

居住区绿地是构成整个城市点、线、面结合的绿地系统中分布最广的“面”，而面又需要有合理的绿地布局，不能只靠某一种绿地来实现。要公共绿地、道路绿地、楼间绿地相结合。合理配置树种，使居住区绿化具有保健型、知识型以及防尘、减噪、避震等多种功能。

在人们密集活动区和安静休息区都应有必要的隔离绿带，结合景区划分，实行功能分区。

3. 考虑季相和景观的变化，乔、灌、草有机结合

在居住区，人们生活在一个相对固定的室外空间，每天面对相对固定的环境，因而增强居住区四季景观序列，显得尤为重要，目的是让人们生活在一个随季节变化的环境中，享受大自然的美丽与生机。因此应采用常绿树与落叶树、乔木和灌木、速生树和慢长树、重点与一般相结合的配植，不同树形、色彩的树种的配植；种植绿篱、花卉、草皮、地被植物，使乔、灌、花、篱、草相结合，丰富美化居住环境。

对于北方城市居住区的绿化，要注意常绿树的比例，才不至于在冬季没有一丝绿色。速生树与慢长树结合，可以使绿化尽快达到效果，又能有长远稳定的绿化效果。另外要注意地被和草坪的应用，以增大绿地率和增强景观效果。

4. 以乔木为主，种植形式多样且灵活

园林生态效益主要取决于植物的质与量，建筑、山石、非植物材料铺装地面的生态效益是负数。绿量指标是衡量绿化效果的重要因素。在相同的绿地面积上，植物构成不同，所发挥的生态效益相差甚远。不同的植物材料其绿量和生态效益也不尽相同，乔木大于灌木，更大于草坪。据测定，一株大乔木的绿量，相当于 50~70m^2 草坪的绿量。居住区绿化的重要一点是改善生态条件。因此，绿化不管采用什么形式布置，植物选择上应多考虑使用乔、灌木，以增大绿量。特别是在常有人休息的地方，如座椅附近都要种上遮阴的大乔木，如国槐、红花刺槐、臭椿、云杉等。由于乔木的多少影响周围的环境气候，所以乔木所占的比例最好不少于 80%，其中阔叶树不少于整个乔木的 85%为宜。至少落叶树种配置比例不宜低于 50%。

树木、花草的种植形式要多种多样。一些道路两侧需要以行列式种植，其他可采用孤

植、丛植、群植等手法，以植物种植的多种形式来丰富空间变化。

高大乔木宜选为背景林和广场的遮阴观赏林，以组团种植为主，尽可能减少行列式种植。道路两侧一般可成行栽植树冠宽阔、遮阴效果好的树木，也可采用丛植、群植等手法，以打破成行成列住宅群的单调和呆板，以植树布置的多种形式，来丰富空间的变化，并结合道路的方向、建筑、门洞等形成对景、框景、借景等，创造良好的景观效果，同时注意普遍绿化，尽量增加绿量，不要黄土露天，影响绿地面貌和环境。

5. 选择易管理的树种

由于大部分居住区的绿化管理相对落后，同时考虑资金的因素，宜选择生长健壮、管理粗放、少病虫害、有地方特色的优良植物种类。还可栽植些有经济价值的植物，特别在庭院内、专用绿地内可多栽既经济又有较好观赏价值的植物。如核桃、樱桃、葡萄、玫瑰、连翘等。

花卉的布置可以使居住区增色添景，可考虑大量种植宿根花卉及自播繁衍能力强的花卉，以省工节资，又获得良好的观赏效果，如美人蕉、蜀葵、玉簪、芍药等。

6. 提倡发展垂直绿化

使用多种攀缘植物，以绿化建筑物墙面、各种围栏、矮墙，提高居住区立体绿化的效果，提高绿视率，使人们生活在一个绿色的环境里。同时可用攀缘植物遮拦丑陋之物。这是一种早已被人们所接受和广泛采用的扩大绿色空间的办法。利用爬藤植物的攀缘性向空间要绿色。对于小区内的围墙，无窗的住宅山墙，都可以采用这种种植方式。这样，既扩大了绿色范围，又由于植物的季相变换丰富和补充了建筑的立面效果，使得这些给人以生硬感的景观，转化为具有生命力和柔和亲切感的软质景观。主要攀缘植物有地锦、五叶地锦、金银花、蔓性月季、南蛇藤、紫藤等。

7. 注意安全卫生

在居住区宜选择无飞絮、无毒、无刺激性和无污染的植物。特别是在居住区内的幼儿园及儿童游戏场地忌用有毒、带刺、带尖，以及易引起过敏的植物，以免伤害儿童，如夹竹桃、玫瑰、桧柏、黄刺玫、漆树。在运动场、活动场地不宜栽植大量飞毛、落果的树木，如杨树雌株、柳树雌株、银杏雌株、悬铃木。

8. 注意与建筑物的通风、采光并与地下管网有适当的距离

如果植物种植距建筑物太近，则会影响植物生长和破坏地下管网。宅旁绿地应当尽量集中在向阳一侧，因为住宅楼朝南一侧往往形成良好的小气候条件，光照条件好，有利于植物的生长，可采用丰富的植物种类。但种植要注意不影响室内的通风和采光。种植乔木，不要离建筑距离太近（一般乔木距建筑物 5m 左右），以免影响一层室内采光和通风。

乔木距地下管网应有 2m 左右；灌木距建筑物和地下管网 1～1.5m。在窗口下也不要种植大灌木。住宅北侧日光不足不利于植物生长，可将道路、埋置管线布置在这里。绿化时，应采用耐阴植物种类。另外，在东西两侧可种植高大乔木遮挡夏日的骄阳，在西北侧可种植高大乔木以阻挡冬季的寒风。

9. 注意植物生长的生态环境，适地适树

由于居住区建筑往往占据光照条件好的方位，绿地常常受挡而处于阴影之中。在阴面应考虑阴生植物的选用，如珍珠梅、金银木、桧柏等。对于一些引种树种要慎重，以免“水土不服”，生长不良。同时可以从生态功能出发，建立有益身心健康的保健、香花、有益招引鸟类的植物群落。

总之，在居住区园林绿化中，植物的配置既要注意遮阴，又要注意采光和美化，做到乔、灌、草相结合，四季常青，三季有花，使居住的环境空间清新、舒适、优雅，将居住区的环境提高到一个新境界。

（二）居住区的绿化规划与设计

居住区在城市占地面积比例较大，因此居住区的绿化是园林绿化系统的主要组成部分。

1. 居住区园林绿地规划

居住区园林绿地规划一般分为：道路绿化、小型的公共绿地规划及住宅楼间绿地规划。

居住区道路绿化根据居住区内功能要求和居住规模的大小，道路一般分为三级。主要道路、次要道路和小路。在主要道路两侧留有 2～3m 的绿化种植带，绿化应考虑行人遮阴又不妨碍交通。次要道路是联系居住区各部分之间的道路，一般留有 1～2m 的种植带。

当道路与居住建筑物的距离较近时，要注意防尘隔声。居住小区的小路是联系住宅群之间的道路，其绿化布置与建筑物更为密切，可丰富建筑的面貌。居住区道路绿化采用不同的植物种类，色彩、形态不同的植物配植。

2. 居住区绿化设计

居住区绿化的好坏直接关系到居住区内的温度、湿度、空气含氧量等指标。因此，要利用树木花草形成良好生态结构，努力提高绿地率，达到新居住区绿地率不低于 30%，旧居住区改造不宜低于 25%的指标，创造良好的生态环境。

居住区绿化，在充分满足采光、遮阴等各种功能需要的前提下，要有创新、有特色，要与居住区地形、地貌结合。根据绿地各自不同的功能特点，精心布置宅前屋后、山墙部位、道路、公共绿地和外围周边绿地的绿化。把这些绿地有机结合起来，合理布局。充分利用各种植物的生物学特性，以构建保健型群落为主，辅以观赏型及环保型群落。以植物造景为主，发挥植物在生态平衡中的最大效益。用艺术规律、技术规则和国内外园林建设的先进经验，创造出新颖、奇特、符合现代化特点的居住区绿化形式，达到经济、美观、实用，满足不同年龄段人员的需求。在居住区中还应大力提倡立体绿化（包括屋顶花园、垂直绿化、阳台绿化）。立体绿化以楼墙外壁和其他建筑设施为附体，种植各种攀缘植物，不但能以青藤、绿蔓装饰建筑物外表、扩展绿化层次、增大绿视率，还能发挥其生态效益。

植物配置方面应注意多样性，特别在植物组合上，乔木、灌木、地被、草坪的合理组合，常绿树与落叶树的比例搭配等，都要充分注重生物的多样性。只有保证物种的多样性，才能保持生态的良性循环。为了充分发挥生态效益，尽早实现环境美，应进行适当密植，并依照季节变化，考虑树种搭配，做到常绿与落叶相结合、乔木与灌木相结合、木本与草本相结合、观花与观叶相结合，形成三季有花、四季常青的植物景观。

居住区的绿化大体可分为以下六种类型：即住宅小区周边隔离带绿化；居住区内街道和河畔绿化；楼前楼后宅旁绿化；游憩场地绿化；小区游园绿化；商业、服务业门前绿化。

二、工业区绿化

（一）厂区绿化植物的选择

工厂绿化植物的选择，不仅与一般园林绿化植物有共同的要求，而又有其特殊要求。要根据工厂具体情况，科学地选择树种，选择具有抵抗各种不良环境条件能力（如抗病虫害，抗污染物以及抗涝、抗旱、抗盐碱等）的植物，这是绿化成败的关键。

1. 选择较强的、抗大气污染的树种及绿化材料

在工厂的大气污染区搞好绿化，必须首先选择抗性强的树种及其他植物，使其在污染区正常生长。由于目前一般工厂都有多种有害气体，造成复合污染，最好选用兼抗多种污染物的树种及绿化材料，以达到预期目的。

满足绿化的主要功能要求，不同的工厂对绿化功能的要求各有侧重，有的工厂以防护隔离为主，有的以绿化装饰为主。而在大的工矿企业，不同部位对绿化亦有区别，在选择植物材料时，应考虑绿地的主要功能，同时兼顾其他功能的要求。如皂角、桑树、柳树、山桃。

2. 适地适树，满足植物生态要求，选择抗逆性强的植物

要求植物起防护作用，首先要使植物能正常生长。树种选择时首先要做到“适地适树”，即栽植的植物生态习性能适应当地的自然条件。选择对环境适应性强即对土质、气候、干湿度等条件适应能力强的植物。

工厂厂区的环境对植物生长来讲一般比较恶劣。由于多数工厂在生产过程中都或多或少地产生有害物质，因而，除了大气污染外，工厂区的空气、水、土壤等条件常比其他地区差，有许多不利于植物生长的因素。如干旱、气温低、土壤贫瘠，或土壤中由于其他因素造成含其他有害物质及土壤酸碱度过重等。同时工厂区地上地下管线多，影响植物的正常生长。所以选择具有适应不良环境条件的植物十分重要。因此工厂绿化要选用乡土植物的树种，同时考虑具有较强的抗污能力。

3. 要筛选具有空气净化能力的树种

绿色植物都有吸收有害气体、积滞粉尘的能力。要从中选择具有净化吸收有害气体效应高的树种及绿化材料。

4. 选择病虫害较少、容易栽培管理的树种

工厂因环境受到不同程度的污染，影响到植物的生长发育。植物生长受抑制时，抗病虫害的能力就有所削弱，于是就易感染各种病虫害。所以应选择那些生长良好、发病率低、管理粗放、栽培容易发根、愈合能力强、受有毒气体伤害后萌发力强的绿化材料。

5. 选择有较好的绿化效果及垂直绿化植物

工厂的防污绿化要选择速生而寿命长、枝叶茂密、荫蔽率高的树种。同时要考虑姿态优美、有色有香、美化效果好的树种及绿化材料。

由于厂矿企业都有不同程度的环境污染，立地条件较差，垂直绿化面临的困难较多，适宜生存的攀缘植物必须具有抗性强的特点。如抗二氧化硫较强的攀缘植物有地锦、五叶地锦、金银花等。紫藤抗氯气和氯化氢的能力较强；而金银花、南蛇藤、葡萄等对氯气的抗性弱。根据各厂矿企业污染状况的不同及立地条件的具体情况，选择适宜生长的攀缘植物，大面积垂直绿化，充分发挥绿化植物抗污、防尘、降温、增湿的作用，改善厂矿的环境状况。

6. 适当选择一些适用的经济树种

可选择适应性强，又便于管理，较粗放的果树，如核桃、杏。这样既可供观赏，又可得到实惠的经济效果。

7. 选择不妨碍卫生的树种

如有飞花和具有恶臭、异味的花果的树种不要选用，以免造成精密仪表的失灵及净化水表面布满落叶不卫生的状况。

（二）厂区绿化布局

依据厂区内的功能分区，合理布局绿地，形成网络化的绿地系统。工厂绿地在建设过程中应贯彻生态性和系统性原则，构建绿色生态网络。合理规划，充分利用厂区内的道路、河流、输电线路，形成绿色廊道，形成网络状的系统格局，增加各个斑块绿地间的连通性，为物种的迁移、昆虫及野生动物提供绿色通道，保护物种的多样性，以利于绿地网络生态系统的形成。

1. 厂区周围绿化

厂区周围绿化，在厂区绿化工作中是很重要的。由于厂区所处的位置不同、生产产品不同、排放的污染物质种类有别、近邻状况不同，在绿化布局上应有很大差异。在一般的大气污染环境中，应建立封闭式环网化结构。在夏季下风向处应多配置夏绿阔叶树，在冬季的下风向处应多植绿针叶树，以形成冬夏两季进风口。通过风口，外界气流进入并带动污染气体在各种环网状小区内流动，使污染物在林网中得到净化。

对重污染区，应采取开放输导式结构。在冬夏两季主风向的垂直面上，应疏植低矮灌木，同时，沿顺风方向，以乔木林带区域加以分隔。

2. 厂前区绿化

厂前区一般面向街道，是厂内外联系要道，又是工厂行政、技术管理中心，是内外联系工作必经之路，是厂容、厂貌的集中表现。有的厂前区临街，因此厂前区绿化又是市容的组成部分。该区的绿化以防治污染、创造安静整洁、优美舒适的工作环境为目的。厂前区绿化首先要符合功能要求，达到净化环境，美化环境，又要做到节约用地。

厂前区的绿化，要根据建筑物的规模安排适当的绿化用地，用适宜的绿化树种作衬托，要尽量做到和谐、匀称。花坛、树坛的布局多采用几何图形，一般两侧对称，显得庄重有气魄感。边缘地带和临近专用道路部分要配置高篱，并适当栽植乔木，隔绝外部干扰。建筑物前，通向街道的两侧，可设置带状树坛，宜行植或丛植花灌木和常绿树。楼前窗下可设置与楼平行的带状树坛或花坛，配置树木要与楼房相称。高树要设在两窗间墙垛处，不影响室内采光。在窗下可植栽花灌木和草本花卉。厂区前的核心位置或重点地段，在可能条件下可设置花坛，种植宿根花卉或一年生草花，或设置花架摆放盆。盆花要随季节更换，从彩色上增加全区美感。除道路或活动场外，一切裸露地面应用草坪覆盖。要注意树木与地下各种管线和建筑墙面必须保持一定距离，凡设置花坛要选择不同花期植物，可得到季季有花赏。要注意在厂前区适当配置观叶植物，和冬季常青植物，以调节冬季景观。

3. 生产区的绿化

生产区的绿化包括车间周围绿化，辅助设置，道路、广场、边角空地绿化。生产区绿化对改善生产环境、补充生产条件、保障工人身体健康有着直接关系。

厂区道路绿化，是厂区净化林的主体，对厂区空气净化，环境美化，遮阴，调节空气温度、湿度都有着重要意义。道路绿化方式是多样的，主要根据其与厂房间保留绿化用地的宽度而定。

4. 仓库区的环境绿化

工厂的仓库，一般用于贮存材料和成品，需要防火，防尘，防酸、碱侵蚀污染。而仓库周围绿化起着阻隔粉尘和有害气体侵入，同时也具有防火功能和掩避作用。仓库区的绿化布局，是在仓库周围设置防护隔离林带，最好是常绿树和落叶树混交，冬夏都能起到防护效果。仓库区和外界最好是用较高的绿篱隔开，凡是裸露地面均应铺上草坪以防止起尘。为了使仓库贮存物资免受夏季烈日曝晒和辐射热的影响，在仓库周围要栽植些树冠高大、枝叶浓密的乔木，还要注意通风口不受树冠阻挡，方能使库内通风良好，以免贮存物资受潮霉烂，同时有利于运输通行。要预留出足够的道路宽度和转角空间，一旦发生火灾，消防车可畅通无阻。

5. 已污染土地的绿化

对于土地污染，人工林结构设计除应保证树木有较高生长量外，还应适量增加密植，缩小株行间距。据测定，在城市西郊污染严重的土地上，以加拿大杨、北京杨等为主，采取 1.5m×1m 的林木结构，在 5~7 年间，表层土壤中镉的年平均消减量约为 0.65μg/g。

（三）厂区绿化植物配置

1. 制定科学的绿地定额指标，努力提高绿化面积

国内外大量的研究材料证明，30%~50%的绿化覆盖率是维持生态平衡的临界幅度。对于有污染的工厂企业来说，绿地指标（面积或覆盖率）应综合考虑用地条件、碳氧平衡和污染净化的需要。

2. 选择抗逆性强的树种

因为工矿企业的环境一般比较差，有许多不利于植物生长的因素，如酸、碱、旱、涝、多砂石、土壤板结、烟尘、废水、废渣以及有害气体等，为取得较好的绿化效果，就

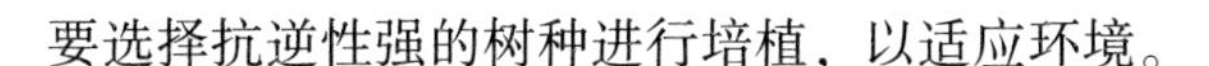
要选择抗逆性强的树种进行培植，以适应环境。

3. 适地适树，合理配置，构建生态稳定的复层群落

自然界中的植物都是以群落的形式存在的，生态园林的建设也就是通过模拟自然界的植物群落，借鉴地带性植被的种类组成、结构特点和演替规律，开发利用绿地空间资源，根据不同植物的生态习性，合理配置乔、灌、藤、草，丰富林下植物，形成物种丰富、层次复杂的复层群落结构。一方面可提高绿地的三维绿量和生态效益，另一方面增加了群落的稳定性和自我调节的能力，降低了人工维护成本。绿化植物群落组合及层次结构是提高绿化水平及效益的关键。

在绿色植物配置比例上，以乔木为主，与灌木结合，以花卉作重点地区点缀，地面栽铺草坪和地被植物，增加绿色覆盖面积。一般乔、灌、花、草配置比例乔木占60%，灌木占20%，草坪占15%，花卉占5%。乔木中又以阔叶树为主，和常绿树保持合适比例，一般为3∶1。北方冬季长，常绿树多些，保持绿色常青，增加生机；夏季阔叶树遮阴效果和调节小气候效果明显。其中以速生快长为主，使绿化效果提早实现，一般速生约占40%。另外，创造条件搞垂直绿化，加大绿化功能和作用。关于落叶与常绿树种配置比例不宜机械套用，工业现代化水平和工艺条件不同，配置比例也不同。就世界园林来看，日本园林是以常绿为主。我国解放以后城市园林建设中落叶与常绿树种配置比例多为2∶1，但近几年来，在树种选择上，常绿树种比例明显增加，特别是在污染小、工艺条件精、现代化水平高的工厂，凭着适地适树原则，应能绿则绿，这样一年四季都可以显示树木绿色的生命力。

第三节　居室绿化工程生态应用设计

一、居室污染

（一）居室污染特点

空气污染物由室外进入室内后其浓度大幅度递减。当室内也存在同类污染物的发生源时，其室内浓度比室外为高。室内存在一些室外所没有或量很少的独特的污染物，如甲醛、石棉、氡及其他挥发性有机污染物。室内污染物种类繁多，危害严重的就有几十种，它们可分为化学性物质、放射性物质和生物性物质三类。

（二）居室污染来源

1. 居室空气污染

（1）居民烹调、取暖所用燃料的燃烧产物是室内空气污染的主要来源之一

如煤、油、天然气、液化石油气、煤气等。这些含碳物质燃烧时都要产生一氧化碳、二氧化碳、二氧化硫、苯并芘、悬浮颗粒物、甲醛、多环芳烃类等有毒物质。此外还有来自厨房燃具的多种有害气体。居室污染最严重的污染区是厨房，多环芳烃具有极大的致癌性。

（2）吸烟也是造成居室空气污染的重要因素

现已知香烟烟气中至少有 3 800 种成分，其中大多数为致癌物、刺激物和窒息剂，包括亚硝胺、苯并（a）芘、镉、氰氢酸、甲醛、多环芳烃类等有毒有害物质。

（3）家具、装修装饰材料、地毯等

来自家用化学品及建筑材料的污染物有 100 多种，包括挥发性有机化合物（VOCs）、有机卤化物、苯、苯乙烯、甲醛、丁烷、丙烷、铅、石棉、氡及其子体等。这些有毒物质可通过皮肤和呼吸道的吸收侵入人体血液，影响肌体免疫力，有些挥发性物质还有致癌作用。VOCs 是挥发性有机化合物类污染物，可导致机体免疫水平下降，影响中枢神经系统功能，出现头晕、头痛、哮喘、胸闷等，还可影响消化系统，造成食欲不振、恶心等。

（4）人体污染

人体本身也是一个重要污染来源，人体代谢过程中能散发出几百种气溶胶和化学物质。人们呼吸时排出的气体，人体皮肤、器官及不洁衣物散发的不良气味，此外还有肠道气体的排出和人体的细菌感染。这些污染物有二氧化碳、硫化氢、苯、甲醇、酚、丙酮、氨等。

（5）通过室内用具如被褥、毛毯和地毯而滋生的尘螨等各种微生物污染

研究发现，地毯和空调机中滋生着多种细菌、霉菌和螨虫等有害生物，它们附着在尘埃的悬浮颗粒上，形成气溶胶，随空气流动传播疾病，危害人体健康。悬浮颗粒物本身带有多种有毒物质，可导致咳嗽、慢性支气管炎、肺气肿、支气管哮喘，且具致突变性和致癌性。室内气溶胶颗粒<10μm 的，对人身体健康危害很大；尤其是<10μm 的，危害极为严重。

2. 居室噪声污染

室内噪声污染也危害人们的健康。室外传入室内的工业、交通、娱乐生活噪声等以及室内给排水噪音、各种家用电器使用的噪声等。

3. 居室辐射污染

各种家电通电工作时可产生电磁波和射线辐射，造成室内污染。由于使用家用电器和某些办公用具导致的微波电磁辐射和臭氧。其中微波电磁辐射可引起头晕、头痛、乏力以及神经衰弱和白细胞减少等，甚至可损害生殖系统。

二、室内主要污染物及其危害

（一）甲醛

甲醛是多数装饰材料中的主要有害物质。甲醛是在装饰材料中广泛存在的一种无色有刺激性气体，对皮肤和黏膜有强烈刺激作用，能引起视力和视网膜的选择性损害。长期接触甲醛可出现记忆力减退、嗜睡等神经衰弱症状。甲醛可以引起遗传物质的突变，损伤染色体，是诱癌物质。居室中甲醛的浓度达到 0.5%时，就可刺激黏膜，引起呼吸道分泌物增多、眼红、流泪、咽干发痒、咳嗽、气喘、胸闷、头昏以及变态反应性疾病（过敏性皮炎、哮喘等）。新装修后的居室室内空气中甲醛可达 3.35mg/m^3，最高可达到 8.75mg/m^3，可引起眼结膜、咽喉急性刺激症状。

（二）氡

放射性稀有元素氡已成为居室中的无形杀手。氡是环境污染生态园林的严重公害之一。氡及其子体是一种金属微粒，可以吸附在空气中的灰尘微粒上，它随时能被人吸入体内并继续放射性衰变从而诱发肺癌，已成为仅次于吸烟的第二大致肺癌因素。世界卫生组织（WHO）国际癌中心通过动物实验证明：氡是当前认识到的 19 种致癌物质之一。

（三）苯、苯酚类

苯和苯酚类是有毒物质，经呼吸道或皮肤吸收进入人体后，可影响神经系统，破坏肝、肾功能。其来源是涂料等装修材料。

（四）一氧化碳

一氧化碳对人体有致命的危害，一氧化碳进入人体之后，通过气管和肺泡，与血液中的血红蛋白相结合，使血液的输氧机能受到抑制，导致机体出现缺氧的各种症状如头痛、眩晕，甚至死亡。

三、居室污染危害症状

（一）“新居综合征”

一些人住进刚落成的新居不久，往往会有头痛、头晕、流涕、失眠、乏力、关节痛和食欲减退等症状，医学上称为“新居综合征”。这是因为新房在建筑时所用的水泥、石灰、涂料、三合板及塑料等材料都含有一些对人体健康有害的物质，如甲醛、苯、铅、石棉、聚乙烯和三氯乙烯等。这些有毒物质可通过皮肤和呼吸道的吸收侵入人体血液，影响肌体免疫力，有些挥发性化学物质还有致癌作用。

（二）“空调综合征”（air condition syndrome）（又称现代居室综合征）

长时间使用空调的房间，受污染的程度更大。因为在使用空调的房间里，由于大多数门窗紧闭，室内已污染的空气往往被循环使用，加之现代人生活节奏加快，脑力消耗大，室内氧气无法满足人体健康的需要。同时大气污染造成了氧资源的缺乏，加之室内煤气灶、热水器、冰箱等家电与人争夺氧气，也使人很容易出现缺氧症状，给身体健康带来危害。

四、室内防污植物的研究与选择

（一）室内防污植物选择的原则

①针对性原则。针对室内空气品质而选择防污植物。②多功能原则。即该植物防污范围较广或种类较多。③强功能原则。可以使有限空间的植物完成净化任务。如龟背竹，其一是能在夜间吸收二氧化碳；其二吸收二氧化碳的能力为一般植物的 6 倍。④适应性原则。即所选物种适合室内生长并发挥净化功能。⑤充分可利用性原则。⑥自身防污染原则。

（二）室内防污植物选择

防污植物减轻空气污染的研究在国内外已有较大进展，据测定许多植物对空气中的有害气体分别有吸收净化作用。

花草植物之所以能够治理室内污染，其机理是：化学污染物是由花草植物叶片背面的微孔道吸收进入花草体内的，与花卉根部共生的微生物则能有效地分解污染物，并被根部所吸收。根据科学家多年研究的结果，在室内养不同的花草植物，可以防止乃至消除室内不同的化学污染物质。特别是一些叶片硕大的观叶植物，如虎尾兰、龟背竹、一叶兰等，能吸收建筑物内目前已知的多种有害气体的80%以上，是当之无愧的治污能手。

(三) 部分具有净化现代居室污染功能的室内植物简介

1. 观叶植物

悬垂（吊挂）观叶植物：

（1）吊兰

又称垂盆草、折鹤兰、挂兰，为百合科吊兰属丛生性的多年生常绿草本观叶植物。它既刚且柔，形似展翅跳跃的仙鹤，故古有“折鹤兰”之称。吊兰株形小，其根叶似兰，叶形美观清秀，叶片细长柔软，从叶腋中抽生的匍匐茎上长有小檀株，由盆沿向下垂挂，舒展散垂，似花朵，四季常绿，对美化居室能起到绝妙的点缀作用和别致美观的装饰效果，是最为传统和极受喜爱的居室垂挂植物之一。

吊兰不仅是居室极佳的悬垂观叶植物，而且也是公认的室内空气净化器。据美国专家研究发现，吊兰具有极强的吸收有毒气体的功能，吊兰吸收空气中有毒化学物质的能力，在花卉中首屈一指，效果超过空气过滤器。吊兰能在新陈代谢中把致癌的甲醛转化成类似糖或氨基酸那样的天然物质，同时也能分解复印机、打印机排放的苯，“吞噬”尼古丁。对一氧化碳、二氧化碳、过氮氧化物和其他挥发性有害气体有很强的吸收能力。$10m^2$房间里只要放一盆吊兰，在24h内，黄绿相间的叶子便会神奇地将室内空气中的CO、CO_2及其他有毒的气体“吞食”得精光，并将它们集中输送到根部，经土壤里的微生物分解成无害物质作为养料吸收掉。因此被人们称为净化室内空气的“能手”。

（2）绿萝

绿萝又称黄金葛，是天南星科崖角藤属多年生草质藤本观叶植物，也有人将其归类在拎树藤属（Epipremnum）或藤芋属（常春芋属）（Scindapsus），因这三属为近缘。

（3）常春藤

又称洋常春藤、英国常春藤。极耐阴，适应性强。为五加科常春藤属常绿藤本观叶植物，茎蔓细而长，叶形如枫，姿色俱佳，是室内悬垂观叶植物佳品。

常春藤类植物抗污染和吸收有毒气体能力强，像小型的吞毒机。它能用叶上的细孔吸收二氧化碳和含苯制品（油漆和塑料制品、复印机释放物、香烟烟雾）、三氯乙烯制品（洗涤剂、黏合剂）等释放的致癌、损害肝脏的苯、尼古丁类有害气体，同时释放氧气。

（4）文竹

又称云竹，为百合科天门冬属多年生常绿藤本观叶植物。文竹叶状枝形态优美，纤细秀丽，层次分明，状似云片，株形优雅，独具风韵，深受人们喜爱。

它不仅是著名的室内盆栽观叶佳品，而且是插花的重要切叶衬材。文竹既能吸收二氧化硫、二氧化碳、氯气等有害气体，还能分泌出杀灭细菌的气体，减少感冒、伤寒、喉头炎等传染病的发生，对人体的健康大有好处。

（5）紫露草

又称水竹草，为鸭跖草科紫露草属草本观叶植物。此类植物耐阴耐湿，枝条悬垂，茎柔如蔓，婀娜多姿，叶色秀丽，枝条多姿，是室内的悬垂植物佳品。

直立观叶植物：

（1）冷水花

又称“白雪草”，为荨麻科冷水花属多年生草本观叶植物，耐阴性强。冷水花绿叶上分布许多银白色的斑块，类似冰块，给人以清凉的感觉，其植株小巧、清秀淡雅，是相当时兴的室内小型观叶植物。

冷水花的品种颇多，按植株形态可分直立生长和匍匐生长两类；按叶片构造可分泡叶（叶面有浮泡）和皱叶（叶面起皱纹）两类。

吸收二氧化碳的能力比一般花卉高出 2.5 倍，对苯、甲醛等有害气体具有一定的消解作用。在新建和刚装修好的屋宇内摆设数盆冷水花，可以使建筑材料散发的异味迅速消散，使室内空气干净清新，被人称为经济实惠的“天然清新剂”。

（2）龟背竹

又称蓬莱蕉、电线兰，是天南星科龟背竹属大型多年生常绿草本观叶植物。其株形优美，形态奇特别致，茎似竹节，幼叶心脏形，老叶深裂，脉间穿孔如龟背状，气生根下垂，四季常绿，美观大方，是世界著名的大型观叶植物。尤其是它还具有夜间吸收二氧化碳的奇特本领，养在居室有净化室内空气的作用。

（3）荷兰铁

又称巨丝兰、象脚丝兰，为龙舌兰科（百合科）丝兰属木本观叶植物。其株形规整，茎干粗壮，叶片坚挺翠绿，劲健挺秀，素雅豪爽，极富阳刚、正直之气质，极其壮观。

（4）虎尾兰

为百合科虎尾兰属的多年生草本植物。虎尾兰叶片坚挺直立，叶具斑带如虎尾，具有很高的观赏价值，是室内观叶中的珍品。

常见品种有短叶虎尾兰、金边短叶虎尾兰、银脉虎尾兰。

（5）龙血树

分解三氯乙烯（对肝脏有害）效果突出。三氯乙烯是复印机和激光打印机释放物，而洗涤剂和黏合剂中同样含有三氯乙烯。

2. 观花植物

(1) 君子兰

又称剑叶石蒜、大花君子兰。为石蒜科君子兰属多年生常绿草本。花大、色美，叶宽而亮，叶色青翠，四季常绿，花色艳丽，姿态大方，凝重端庄，清秀飘逸，花期长，花叶果兼美，是冬春美化、净化居室环境的优良名贵花卉。

君子兰对一氧化碳、二氧化碳及过氮氧化物等有害气体吸收能力强，并且晚上放出氧气，吸收二氧化碳。

(2) 矮牵牛

又称喇叭花，为茄科矮牵牛属缠绕性多年生草本，花色艳丽、丰富多彩，是国际商品花卉之一。对氟化氢的抗性和吸收能力强，对氯气的抗性强。据测定，叶子中含氮200~250μg/g时完全不受害。对臭氧、过氧硝酸乙酰酯敏感，可作监测植物。

(3) 月季

为蔷薇科蔷薇属木本花卉。月季花花期长，品种繁多，花色极为丰富，有“花中皇后”之美称，一年四季开花不断，香气四溢，是我国传统名花之一。

月季、蔷薇等对二氧化硫、硫化氢、氟化氢、苯、苯酚、乙醚等对人体有害气体具有很强的吸收能力，对二氧化硫、硫化氢、氯气、二氧化氮也具有相当的抵抗能力，是抗空气污染的理想花卉。

(4) 杜鹃

为杜鹃花科杜鹃花属木本花卉，花朵鲜艳而美丽，色彩缤纷，园艺品种繁多，花枝开花极多，是美化居室的重要时令花卉，有“花木之王”的美称。它能吸收空气中的臭氧、二氧化硫等有害气体及一些放射性物质，是抗二氧化硫、氮氧化物、过氧硝酸乙酰酯、氯化氢、氟化氢、臭氧等污染物较理想的花木。如石岩杜鹃在距二氧化硫污染源几米的地方也能正常萌芽抽枝。

(5) 紫薇

为千屈菜科紫薇属木本花卉。又称百日红。紫薇花期长，花序硕大繁茂，花色丰富，色彩鲜艳，是盆景树种中的珍贵品种。它对二氧化硫、氯化氢、氯气、氟化氢、氨气等有毒气体抗性较强。它吸收二氧化硫等有害气体能力强，每千克干叶吸收硫10g左右，仍能生长良好。吸附粉尘的能力较强，还有较强的杀菌能力，5min内即将能原生动物杀死。

(6) 山茶

山茶为山茶科山茶属木本花卉。其叶色翠绿而有光泽，四季常青，花朵硕大，姿美色艳，富丽高雅，是我国珍贵的传统名花之一。它能抗卸二氧化硫、氯气、氯化氢、氟化氢、硫化氢、铬酸和硝酸烟雾等有害物质的侵害，对氟和氯有很强的吸收能力，对大气有净化作用。

（7）桂花

为木樨科木犀属木本花卉，叶常绿繁茂，秋季开花，花香四溢，是著名的传统香花。它对化学烟雾有特殊的抵抗能力，对氯化氢、硫化氢、苯酚等污染物有不同程度的抵抗性。在氯污染区种植48d后，1kg叶片可吸收氯4.8g。它还能吸收汞蒸气，并兼有滞尘和减弱噪音的作用。桂花也可吸收空气中的SO_2和CO等有害气体，从而使室内空气保持清新。

五、居室绿化植物的选择与配置

（一）室内植物装饰的形式

室内植物装饰形式，是主人根据自己的爱好，按照空间大小、功能来确定的，装饰形式千变万化，艺术造型层出不穷，常见的有盆栽式、悬垂式、攀缘式、水养式、壁挂式、瓶栽式、组合式等。

（二）居室植物选择

在选用室内花卉布置环境前，需要考虑植物选择、环境特点等一系列的问题，减少室内花卉选择的盲目性。

1. 室内植物种类选择

（1）选择常绿耐阴植物或吸收有毒气体能力强的植物

室内绿化材料应选择适宜长期摆放的、无毒无异味的乡土观赏花木，以耐阴植物为主。因居室内一般是封闭的空间，室内光照不强，大多数阳性花卉在室内生长不好，只能在开花结果后移入室内观赏，所以选择植物最好是较长时间耐荫蔽或可在室内光照有限的条件下，保持观赏价值，正常生长的阴生观叶植物或半阴生植物，同时能吸收室内有害气体的品种，以适应室内环境。如蕨类、国兰、仙人掌类及多肉植物，天南星科、竹芋科、凤梨科等吸收室内有毒气体能力强的观叶植物，以及具有杀菌功能的香花植物。这样可达到观赏与净化居室的双重功效。

（2）要根据室内不同的光照环境选择不同生态习性的植物

不同的植物对光照的要求是不同的，大多数赏花植物喜光；有一些植物喜半日照；极少数观赏植物喜弱光；但几乎没有一种植物能在完全黑暗的条件下生长旺盛。大多数居室有朝北或朝南的窗子，也有一些居室有朝东或朝西的窗子。窗子的朝向不同，光照的强弱也不一样，所以，相应可栽植的植物也有差别。

（3）应考虑植物的采光及与人的健康关系

观叶植物与仙人掌类及多肉植物堪称室内植物装饰的最佳组合。

观叶的盆栽植物一般都是常绿的树木花草，四季常青，不受季节限制，但大多怕阳光直射、耐阴，对干燥环境忍受能力较差。而仙人掌类及多肉植物大都具有很强的耐干旱、抗高温特性，特别能适应高层住宅较为燥热的环境，而不能忍受长期阴湿环境。

每个房间有不同的温度、光照、空气湿度，因此必须根据每个具体位置的条件去选择合适的植物品种，给植物生长创造适宜的条件。一般来说，可将观叶植物置于光线较少的某个角落，把仙人掌类及多肉植物摆放在光照充足的明亮处，多让其见光。这样的搭配组合，不仅可以充分利用室内空间，而且为植物提供了适宜的环境，有利于植物的生长发育。同时也有美化环境、净化空气的功能。

2. 植物形体大小及比例

有的室内植物株型高大，如鱼尾葵，高达数米，而且可以长期在室内环境中生长；也有株形很小的，如斑纹凤梨，小到可放在几厘米直径的小盆内观赏；更多的是中等大小的植株如变叶木等。但另外有大量的多年生草本花卉，像白网纹草的高度不会超过十几厘米，冠径也不会长得很大。室内绿化材料的选择要注意比例适度，“少、小、精、简”的原则。植物的形状、大小要与居室相协调，要根据室内空间的大小和陈设物的多少来选定植物的体量和数量。由于室内空间有限，装饰植物一般又不宜占用太多的空间，因此在装饰之前，必须根据厅堂、居室面积的大小，室内器具摆设方式以及用途的不同，依照植物的生态习性及美学原理，采用不同艺术手法，合理地进行植物装饰，借自然植物的合理摆放来弥补大量家用电器等物体给人们带来的呆板、沉闷之感，使居室变得高雅、温馨、充满生机，达到美化室内空间的理想效果。

3. 植物色彩的运用

室内植物的色彩布置要与居室的环境相协调。人的视野所及的首先是物体的色彩，然后是形体、质地等。色彩能给人以美的感受并直接影响人的情绪。室内绿化装饰，室内色彩的运用，要考虑房间大小、采光条件及家具颜色等因素。环境如果是暖色，则应选偏冷色花卉；反之则用暖色花。这样既协调又有一定的色彩反差与对比，更能衬托出配置植物的美感。植物布置时，不同的色彩与室内气氛的创造有直接关系。比如红色、橙色和黄色使人感到温暖；白色、绿色、蓝色使人感到冷凉。由于色彩丰富，变化万千，在室内花卉装饰时，要因环境和光源条件而异，不拘一格，但居室装饰的色调宜清淡、雅致，力求环境安详、宁静。对植物色彩的配置要以绿色为基调，配置其他色彩。

室内植物以观叶植物为主，叶片大部分含叶绿素，因而以绿色为基本色调。绿色温度的感觉居于冷色和暖色之间。绿色有深绿、油绿、浅绿、粉绿、蓝绿等之别，各种深浅不同的绿色植物配置在一起，既富于变化又处于一个统一的绿色基调中，因此总是给人以和谐与悦目的感觉。绿色叶片除了颜色深浅不同外，质地的差异也很大。橡皮树、龟背竹和喜林芋等具有革质光泽的叶片；而合果芋等叶片为粉绿色的纸质叶。将它们配置在一起，会由于对比效果而使各自的特点更加突出。浅绿色或带有较大面积的黄、白斑纹的观叶植物给人以清凉的感觉。炎夏季节，宜选用浅绿色或淡黄色、光亮翠绿的植物，如冷水花、白网纹草、白花叶芋、白蝶合果芋等含有较多花青素的叶片，黄色和白色占很大比重，就能起到这种作用。

（三）不同功能居室中绿化植物的配置

用植物点缀居室既美化空间，又可使人们享受到生机盎然的自然美。居室由于空间的性质、用途不同，在植物装饰上也应有所区别和侧重。

1. 客厅

客厅无论大小，都应追求一种优雅、轻松的气氛。从目前一般的客厅条件来看，大多摆设茶几、沙发、电视机等，它是家人团聚及接待宾客的主要场所。客厅布置风格应力求典雅古朴、美观大方，使人感到美满、舒适，不宜过杂，并要考虑按家具式样与墙壁色彩来选择合适的植物种类。注意中、小搭配，植物的摆放以墙角、几架、壁面和空中等处为最佳位置。大客厅的角落、沙发旁边或闲置空间可放置耐阴、厚叶的、大（高>1.2m）、中型（高0.8~1.2m）观叶植物。如棕竹、苏铁、橡皮树、散尾葵、袖珍椰子、龟背竹、万年青、巴西木、红宝石、绿宝石、棕榈、鸟巢蕨等；以绿色掩饰阴角空间；小客厅则应选用小型植物和藤蔓类植物。

2. 餐厅

饭厅是家人团聚、进餐的地方，应选择使人心情愉快、可增进食欲的绿化植物装饰。一般宜配置一些开着艳丽花卉的盆栽，如秋海棠和圣诞花等，以增添欢快气氛。

配膳台上摆设中型盆栽可起到间隔作用。饭厅周围摆设棕榈类、凤梨类、变叶木、非洲紫罗兰、秋海棠等叶片亮绿或色彩缤纷的大、中型盆栽植物，餐厅中央可按季节摆放春兰、秋菊、夏洋（洋紫苏）、冬红（一品红）。餐桌上方可挂一盆吊兰，与餐桌上的花卉上下呼应，显得“潇洒”而又浪漫。花木苍翠郁郁葱葱的就餐环境，令人食欲大振。用餐区的清洁十分重要，因此，最好用无菌的培养土来种植。

3. 厨房

厨房一般面积较小，且设有炊具、食品柜等，又是操作频繁、物品零碎的工作间，因此，不宜放大型盆栽。同时厨房是烹饪之地，烟气多、污染大，温度、湿度也相对较高；且通常位于窗户较小的朝北房间，阳光少，应选择一些适应性强和抗烟、抗污、喜阴的小型盆栽、吊挂植物。

在食品柜的上面或窗外也可选用小杜鹃、小松树、小型龙血树、仙人掌、蟹爪兰等环境要求不高的植物，或大王万年青、星点木、虎尾兰、龙舌兰等防污能力强的植物。在靠灶具较远的墙壁上可选用鸭跖草、吊兰等垂吊植物制成吊盆。为了避免花粉掉入食物中，一些花粉较多的花卉，如大丽花、唐菖蒲和百合花等，不宜选为厨房装饰之用。

4. 卧室

卧室是人们休息、睡眠的地方，每天至少有三分之一的时间在这里度过，因而它对于人们有很大影响。目前，就大多数家庭而言，卧室面积都不大，空间有限，加上摆满了各种家具，因此，卧室的植物配置应以点缀为主，要装饰得轻松、舒畅，应突出温馨和谐、雅静幽芬的特点。也就是说，卧室的植物种类不宜过多，色彩不宜过浓，以形成轻松、宁静、舒适的气氛，有利于休息和睡眠为主。应以中、小盆或吊盆植物为主。不宜采用橡皮树、斑竹等粗枝大叶、色浓、形硬、斑纹对比强烈的大型植物。因此类植物叶型巨大，多显得生硬、单调，且有恐怖感。卧室一般最适宜叶色淡绿、婀娜多姿、小叶、柔软、色彩淡雅的观叶植物或带有淡淡香味的花卉。如文竹、蕨类观叶植物，因其叶小而富于柔性，令人心情舒适，具有松弛情绪的效果。

向阳的窗台，通常通风和光照较好，可以布置盆栽的低矮花卉或香型小植物，如桂花、米兰、茉莉、水仙、兰花、君子兰、茶花、月季、含笑等淡色花香植物，它们散发的香气，能松弛神经。或布置石榴、仙客来等小型观花植物。东向和北向的窗台上，可摆放兰花、杜鹃花等植物。在桌几和案头，可放置树桩盆景和小型观叶植物，如斑叶芦荟、矮生虎尾兰、彩叶秋海棠、竹芋类等矮小盆花。较高的柜头、花架上或镜框线上，可布置蔓生的乳纹椒草、金边吊兰、蟹爪兰、天门冬、鸭跖草、蔓绿绒、绿萝、花叶常春藤等悬垂植物。在墙角用万年青、小型棕竹等盆栽布置。

卧室摆放的植物宜少不宜多，尤其颜色不应太杂，以免使人眼花缭乱，产生不安宁的感觉。

5. 书房

书房是读书、写作之地，要以静为主，在绿化美化布置上要做到有利于学习、研究和创作。书房布置格调应突出明净、清新、雅致，植物装饰侧重以绿色观叶植物为主。如棕榈、万年青、富贵竹、铁树等或小巧山水盆景及兰花、文竹、仙客来、君子兰、蕨类、小型盆景等清秀文雅的植物。这样可以体现肃穆、宁静感，创造良好的学习氛围。书柜顶部或墙壁处要合理利用，如悬垂一些绿萝、吊竹梅、花叶常春藤、吊兰。书架拐角处放置米兰、茉莉等植物，增添幽雅，缓和疲劳的视力，松弛紧张的神经。大的生态园林书房可设置博古架，将书籍、小摆设和盆栽山水盆景放置其上，营造出艺术文雅的环境。

6. 综合式厅房

综合式厅房的植物装饰色彩要鲜艳，如菊花、杜鹃、仙客来等季节性花卉，再配上如花叶鸭跖草、变叶木与竹芋类等叶片斑驳的观叶植物，使之相互衬托，五彩缤纷。

7. 卫生间

与厨房相比，大多数家庭的卫生间、浴室的面积一般更小些，且光照条件差。卫生间应以整洁、安静为主，一般不做装饰。但若放置一小盆开花且有香气的植物，会使整个沉静的空间顿时生动起来。如若装饰，因卫生间湿气大，冷暖温差大，适合选用耐阴性草本植物。

如果室内光照欠佳，应选择对光照要求不太严的猪笼草、冷水花、小型蕨类等植物。室内有光照者，墙上可悬挂常春藤、吊兰、四季海棠等植物，一般用盆栽装饰来增添自然情趣，使卫生间显得大方美观。

第四节　市郊绿化工程生态应用设计

一、环城林带

城市气候的基本特征之一是具有“热岛效应”。为了改善城区炎热的气候环境，可在整个城区周围和各组团周围营造大片林地或数公里或数十公里宽的环城森林带，使城区成为茫茫林海中的“岛屿”，则可产生城区与郊区间的局地热力环流（乡村风）。城区气温较高，空气膨胀上升，周围绿地气温较低，空气收缩下沉，因而在近地面周围郊区的凉风向市区微微吹去，给城区带来凉爽的空气。

环城林带主要分布于城市外环线和郊区城镇的环线，从生态学而言，这是城区与农村两大生态系统直接发生作用的界面，主要生态功能是阻滞灰尘，吸收和净化工业废气与汽车废气，遏制城外污染空气对城内的侵害，也能将城内的工业废气、汽车排放的气体，如二氧化碳、二氧化硫、氟化氢等吸收转化，故环城林带可起到空气过滤与净化的作用。因而环城林带的树种应注意选择具有抗二氧化硫、氟化氢、一氧化碳和烟尘的功能。

环城绿化带的建设以生态防护建设为主，是以改善园林生态环境为主要功能的生态防护林带。其环城林带是一项大规模的系统工程，与绿地、农田、水域、城市建筑浑然一体，相映生辉，增强了城市边缘效应，成为生物多样性保护基地，搞好这一地区的绿化，不但减少城市地区的风沙危害，而且会提高整个大环境的质量。

市郊必须在国道和市级干道、铁路与河道两侧开辟 10～100m 不等的绿化带，在一般公路、郊区铁路和河道两侧开辟 10～20m 宽的林带，在高速公路、国道和三环线两侧的林带要达到 50～100m 的宽度。在河流两侧要营造 50～100m 宽的绿化带，县级河道要有 10～30m 宽的林带。这些郊区绿化系统可以直接与市中心区绿化系统联结起来，将郊区的自然生机带进市区，对改善市区生态环境发挥重要作用。

二、市郊风景区及森林公园

森林公园的建设是城市林业的主要组成部分，在城市近郊兴建若干森林公园，能改善城市的生态环境，维持生态平衡，调节空气的湿度、温度和风速、净化空气，使清新的空气输向城区，能提高城市的环境质量，增进人民的身体健康。

在大环境防护林体系基础上，进一步提高绿化美化的档次。重点区域景区以及相应的功能区，要创造不同景区景观特色。因此树种选择力求丰富，力求各景区重点突出。群落景观特征明显，要与大环境绿化互为补充，相得益彰。乔木重点选择大花树种和季相显著的种类，侧重花灌木、草花、地被选择。

重点建设观赏型、环保型、文化环境型和生产型的人工植物群落。

在郊区道路树种的选择与配置上，应栽植一些喜光、抗旱、易成活、易管理、吸附能力强的树种，起到净化城区空气、改善城区环境质量、防风固沙的作用。并为市民节日提供游憩和休息场所。为了满足人民生活需要，在郊区可以发展各种果木林和一些经济树种等，构成城市森林的重要组成部分。同时环城路和郊区的行道树绿化区对市区起到一种天然屏障的作用。

现代城市的园林建设，并不局限于市区，而是扩展到近郊区乃至远郊区，甚至把市区园林同郊区园林构成一个有机的整体。市区同郊区，既有其特色，又有总体上的协调。市区园林建设要反映城市园林景观的特点，并且塑建若干名山大川的人工造型，而郊区园林建设则以当地自然景观为主体，建造若干反映我国传统园林特色的亭台楼阁，使市区园林和郊区园林在总体设计和布局上形成一个观光、游览、欣赏、休养的生态园林场所。

三、郊区绿地和隔离绿地

在近郊与各中心副城、组团之间建立较宽绿化隔离带，避免副城对城市环境造成的负面影响，避免城市“摊大饼”式发展，形成市郊的绿色生态环，成为向城市输送新鲜空气的基地。

市郊绿化工程应用的园林植物应是抗性强、养护管理粗放、具有较强抗污染和吸收污染能力，同时有一定经济应用价值的乡土树种。有条件的地段，在作为群落上层木的乔木类中，适当注意用材、经济植物的应用；中层木的灌木类植物中，可选用药用植物、经济植物；而群落下层，宜选用乡土地被植物，既可丰富群落的物种、丰富景观造成乡村野趣，也可降低绿化造价和养护管理的投入。

城市片林多分布在城乡接合部，具有城市防护、改善园林生态环境、提供游人郊野游玩场所等多种功能，同时，应有一定的经济林生长，以便步入自养自足的良性循环。因此，城市隔离片林复层结构种植模式设计，力求创造乔灌草复层结构，在最大限度发挥群落生态效益的前提下，兼顾其立地条件和经济效益的发挥，以艺术性及其原理为依托，将城市隔离片林的复层结构模式设计成为景观型（包括“春景模式”“冬景模式”“夏景模式”“秋景模式”“水景模式”“四季景观模式”等），林经型（包括“林果模式”“林药模式”“林蜜模式”等），林生型（包括“防护模式”“耐瘠薄模式”）等。

郊区的绿化以环城景观生态林带、环城生态防护林带建设为骨架，结合市郊风景区及森林公园建设进行。在城郊接合部成片成带地进行大规模生态绿化工程建设。这些绿带与城区绿地连在一起，构成较为完整的城郊绿化新体系。在树种选择上要多样化，在植物配置上要合理化，从而形成多树种、多层次、多功能、多效益的林业绿化工程体系。

近郊为市民提供游憩和保健所需的森林环境；远郊则在提供满足多种林产品需求的同时，形成一道城市外围生态屏障。郊县绿化即是大林业向致力于改善城市环境方面的延伸，又是城市园林事业面向更大空间的扩展。郊县绿化对改善园林生态环境有着至关重要的作用，它的主要目标是通过绿化、美化、净化和生产化来改善城市的生态环境，同时还兼顾城乡经济发展的需要。要通过建设高速公路、国道、省道绿色通道，江河湖防护林体系，以苗木、花卉、经济林果、商品用材林为主的林业产业基地，森林公园和人居森林以及森林资源安全保障体系，迅速增加森林资源总量，大力发展城郊林业产业，增强生态防护功能，促进农业增效、农民增收。

四、园林生态园林郊县绿化工程生态应用设计的布局构想

（一）生态公益林（防护林）

生态公益林（防护林）包括沿海防护林、水源涵养林、农田林网、护路护岸林。依据

不同的防护功能选择不同的树种，营建不同的森林植被群落。农田林网分布于农作物栽培区，起到改善农田小气候、保障农作物高产、稳产的效用。郊县绿化，85%以上的农田要实现林网化，完好率要在90%以上。目前为止，农田林网的树种配置为乔木和灌木混交，常绿与落叶树种混交，以形成复合林冠，有利于小气候形成及防治病虫害的蔓延。

（二）生态景观林

生态景观林是依地貌和经济特点而发展的森林景观。在树种的构成上，应突出物种的多样性，以形成色彩丰富的景观，为人们提供休闲、游憩、健身活动的好场所。海岛片林的营造应当选用耐水湿、抗盐碱的树种，同时注意恢复与保持原有的植被类型。

（三）果树经济林

郊县农村以发展经济作物林和乡土树种为主，利用农田、山坡、沟道、河汊发展果林、材林及其他经济作物林，既改善环境又增加了收入。这是城市农业结构调整中重点发展的生产领域，成为农业经济中大幅上升的增长点。但是提高科学管理水平，减少化肥农药的使用，生产优质无公害果品，是当前水果生产上的重要课题。要发展农林复合生态技术，根据生态学的物种相生相克原理，建立有效的植保型生态工程，保护天敌，减少虫口密度。

（四）特种用途林

因某种特殊经济需要，如为生产药材、香料、油料、纸浆之需而营造的林地或用于培育优质苗木、花卉品种以及物种基因保存为主的基地，也属于这一类型。

各种生态防护林的建设根据其具体情况和环境特点进行人工植物群落的构建，有关各种防护林的构建技术，许多林业学者都进行了较为深入的研究和探索，并取得了生态围林较为成型的经验。

五、市郊绿化植物的配置原则

（一）生态效益优先的原则

最大限度地发挥对环境的改善能力，并把其作为选择园林绿地植物时首要考虑的条件。

应因地制宜地根据不同绿地类型功能的需要而选择相应生态功能和绿量皆高的植物，配置以乔灌草藤复层结构模式为主。

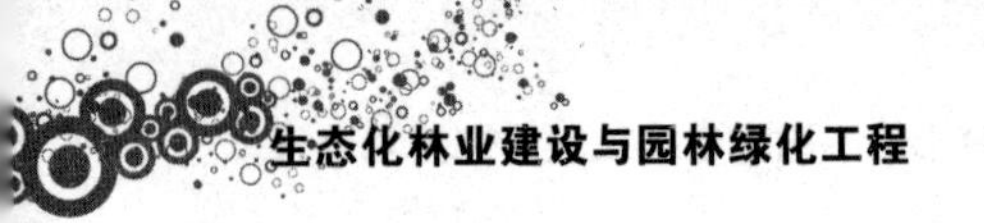

（二）乡土树种优先的原则

乡土植物是最适应本地区环境并生长能力强的种类，品种的选择及配植尽可能地符合本地域的自然条件，即以乡土树种为主，充分反映当地风光特色。

（三）绿量值高的树种优先原则

单纯草地无论从厚度和林相都显得脆弱和单调，而乔木具有最大的生物量和绿量，可选择本区域特有的姿态优美的乔木作为孤植树充实草地。

（四）灌草结合，适地适树的原则

大面积的草地或片植灌木，无论从厚度和林相都显得脆弱和单调，所以，土层较薄不适宜种植深根性的高大乔木时，需种植草坪和灌木的灌草模式。

（五）混交林优于纯林的原则

稀疏和单纯种植一种植物的绿地，植物群落结构单一，不稳定，容易发生病虫害，其生物量及综合生态效能是比较低的。为此，适量地增加阔叶树的种类，最好根据对光的适应性进行针阔混交林类型配置。

（六）美化景观和谐原则

草地的植物配置一定要突出自然，层次要丰富，线条要随意，色块的布置要注意与土地层次的衔接，视觉上的柔和等问题。

街道绿化的规划建设是一个系统工程，一定要按规律按原则来办，减少随意性，加强科学性，才能真正创造出具有鲜明特色的绿色环境。

在树种的配置上要做到“水平配置”与“立体配置”相结合，所谓“水平配置”是指在以上生态林中各林种的水平布局和合理规划，在与农田及其水土保持设计的结合上，综合考虑当地的地形特征，一般作为水土保持体系，树种选择要突出防护功能兼顾其他效益，森林覆盖率需达30%~50%。所谓“立体配置”是指某一林种组成的树种或植物种的选择和林分立体结构的配合形式。根据林种的经营目的，要确定林种内树种种类及其混交方式，形成林分合理结构，以加强林分生态学稳定性和形成开发利用其短、中、长期经济效益的条件。

林种内植物种立体结构可考虑引入乔木、灌木、草类、药用植物等，要注意当地适生植物的多样性经济开发价值。

参考文献

[1] 王培君. 林业生态文明建设概论 [M]. 北京：中国林业出版社，2022.

[2] 庾庐山，文学禹，刘妍君. 国家林业和草原局职业教育十四五规划教材：简明生态文明教程 [M]. 第2版. 北京：中国林业出版社，2022.

[3] 闫淑君. 国家林业和草原局研究生教育十四五规划教材：园林生态学 [M]. 北京：中国林业出版社，2022.

[4] 王贞红. 高原林业生态工程学 [M]. 成都：西南交通大学出版社，2021.

[5] 周小杏，吴继军. 现代林业生态建设与治理模式创新 [M]. 哈尔滨：黑龙江教育出版社，2021.

[6] 王浩，李群. 生态林业蓝皮书：中国特色生态文明建设与林业发展报告 2020-2021 [M]. 北京：社会科学文献出版社，2021.

[7] 赵荣，韩锋，仇晓璐，等. 林业生态扶贫政策模式及绩效评价研究 [M]. 北京：中国农业出版社，2021.

[8] 王邵军，宋娅丽. 国家林业和草原局研究生教育十三五规划教材：高级森林生态学研究方法 [M]. 北京：中国林业出版社，2021.

[9] 刘云根. 国家林业和草原局研究生教育十三五规划教材：生态环境工程学 [M]. 北京：中国林业出版社，2021.

[10] 王东风，孙继峥，杨尧. 风景园林艺术与林业保护 [M]. 长春：吉林人民出版社，2021.

[11] 王海帆. 生态恢复理论与林学关系研究 [M]. 沈阳：辽宁大学出版社，2021.

[12] 陆向荣. 我国森林公园生态旅游开发与发展 [M]. 北京：北京工业大学出版社，2021.

[13] 展洪德. 面向生态文明的林业和草原法治 [M]. 北京：中国政法大学出版社，2020.

[14] 邓永红. 林业生态扶贫之路探索 [M]. 昆明：云南科技出版社，2020.

[15] 刘润乾，王雨，史永功. 城乡规划与林业生态建设 [M]. 哈尔滨：黑龙江美术出版

社，2020.
[16] 王百田. 林业生态工程学 [M]. 第4版. 北京：中国林业出版社，2020.
[17] 王瑶. 森林培育与林业生态建设 [M]. 长春：吉林科学技术出版社，2020.
[18] 李泰君. 现代林业理论与生态工程建设 [M]. 北京：中国原子能出版社，2020.
[19] 赖松江. 园林绿化养护与管理从入门到精通 [M]. 北京：化学工业出版社，2020.
[20] 何方瑶，刘淇. 景观建筑艺术与园林绿化工程 [M]. 延吉：延边大学出版社，2020.
[21] 谢佐桂，徐艳，谭一凡. 园林绿化灌木应用技术指引 [M]. 广州：广东科技出版社，2019.
[22] 郭军霞. 园林绿化与施工技术 [M]. 长春：吉林教育出版社，2019.
[23] 王宜森，刘殿华，刘雁丽. 园林绿化工程管理 [M]. 南京：东南大学出版社，2019.
[24] 乔建国. 园林绿化管护实用手册 [M]. 石家庄：河北科学技术出版社，2019.
[25] 王冰，张婉. 园林绿化养护管理 [M]. 开封：河南大学出版社，2019.
[26] 简志超. 人文园林生态绿化 [M]. 长春：吉林文史出版社，2019.
[27] 张志明. 园林园艺绿化与生态环境保护 [M]. 北京：中国商务出版社，2019.
[28] 袁惠燕，王波，刘婷. 园林植物栽培养护 [M]. 苏州：苏州大学出版社，2019.
[29] 唐岱，熊运海. 园林植物造景 [M]. 北京：中国农业大学出版社，2019.
[30] 吕明华，赵海耀，王云江. 园林工程 [M]. 北京：中国建材工业出版社，2019.